Arbeitsmarktwirkungen moderner Technologien 7

TANDEM

Die *Meta-Studie: Arbeitsmarktwirkungen moderner Technologien* war ein durch den Bundesminister für Forschung und Technologie gefördertes Forschungsvorhaben im Projektverbund. Mit unterschiedlichen Schwerpunkten und Methoden haben die folgenden neun Institute die Zusammenhänge zwischen technologischem Wandel, Beschäftigungsstrukturen sowie einzel- und gesamtwirtschaftlichen Verflechtungen in umfassender und differenzierter Weise analysiert:

Deutsches Institut für Wirtschaftsforschung Berlin,
Projektleitung: Dr. Frieder Meyer-Krahmer

Ifo-Institut für Wirtschaftsforschung München,
Projektleitung: Dr. Lothar Scholz

Institut für Stadtforschung und Strukturpolitik GmbH Berlin,
Projektleitung: Prof. Dr. Hans-Jürgen Ewers

Infratest Sozialforschung München,
Projektleitung: Lisa Höflich-Häberlein

Institut für Sozialforschung und Gesellschaftspolitik e. V. Köln,
Projektleitung: Dr. Werner Friedrich

Institut für Wirtschafts- und Sozialforschung Wien,
Projektleitung: Dr. Michael Wagner

Wissenschaftszentrum Berlin für Sozialforschung/Forschungsschwerpunkt Arbeitsmarkt und Beschäftigung,
Projektleitung: Dr. Ronald Schettkat

Basler Arbeitsgruppe für Konjunkturforschung/Forschungsstelle für Arbeitsmarkt- und Industrieökonomik der Universität Basel,
Projektleitung: Prof. Dr. Peter Kugler

Technische Universität Berlin/Heinrich-Hertz-Institut,
Projektleitung: Prof. Dr. Gernot Weißhuhn

Abstimmungsteam: Prof. Dr. Egon Matzner (Wissenschaftszentrum Berlin für Sozialforschung/Forschungsschwerpunkt Arbeitsmarkt und Beschäftigung), Dr. Ronald Schettkat (Wissenschaftszentrum Berlin für Sozialforschung/Forschungsschwerpunkt Arbeitsmarkt und Beschäftigung), Dr. Michael Wagner (Institut für Wirtschafts- und Sozialforschung Wien)

Werner Frühstück · Gerhard Hanappi
Michael Wagner

TANDEM

Innovationsaktivitäten im wirtschaftlichen Funktionsgefüge der Bundesrepublik Deutschland

Walter de Gruyter · Berlin · New York 1990

Werner Frühstück, Mag. Diplomvolkswirt, Leiter des Büros für empirische Sozial- und Wirtschaftsforschung, Wien

Dr. Gerhard Hanappi, Universitätsassistent am Institut für Volkswirtschaftslehre und Wirtschaftspolitik der Technischen Universität Wien

Dr. Michael Wagner, Univ. Dozent, Direktor des Instituts für Wirtschafts- und Sozialforschung Wien

CIP-Kurztitelaufnahme der Deutschen Bibliothek

Arbeitsmarktwirkungen moderner Technologien. - Berlin ; New York: de Gruyter.

ISBN 3-11-011980-3

7. Frühstück, Werner: Tandem. - 1990

Frühstück, Werner:
Tandem : Innovationsaktivitäten im wirtschaftlichen Funktionsgefüge der Bundesrepublik Deutschland / Werner Frühstück ; Gerhard Hanappi ; Michael Wagner. - Berlin ; New York : de Gruyter, 1990
(Arbeitsmarktwirkungen moderner Technologien ; 7)
ISBN 3-11-011990-0
NE: Hanappi, Gerhard:; Wagner, Michael:

Gedruckt auf säurefreiem Papier

Printed in Germany
Druck: Kupijai & Prochnow Buch- und Offsetdruckerei, Berlin - Buchbinderische Verarbeitung: Lüderitz & Bauer-GmbH, Berlin - Umschlaggestaltung: Johannes Rother, Berlin

Vorwort

Das Simulationsmodell Tandem entstand im Rahmen des Forschungsvorhabens "Arbeitsmarktwirkungen moderner Technologien" (Meta-Studie II). Dieses Projekt wußte sich ausdrücklich dem Prinzip des Methodenpluralismus verpflichtet. Innerhalb des dadurch eröffneten Spektrums haben die Forschungsarbeiten an Tandem in jenem Feld operiert, in dem es darum geht, quantitative Wirkungszusammenhänge in einer für den potentiellen Nutzer klar nachvollziehbaren Weise darzustellen.

Die verschiedenen Versionen von Tandem weisen einen unterschiedlichen Grad an Benutzerfreundlichkeit und analytischer Komplexität auf. Die einfachste Version von Tandem ist auf einer Diskette verfügbar, in der ohne jede Vorkenntnisse durch simple Menüsteuerung ein Überblick über zentrale quantitative Zusammenhänge gewonnen werden kann. Die komplexeren Varianten von Tandem, in denen ein kleines makroökonometrisches Modell der Bundesrepublik Deutschland integriert ist, setzen beim virtuellen Anwender bereits längere Erfahrung mit Simulationsmodellen voraus.

Sofern sich aus den bisherigen Reaktionen auf die Modellierungsresultate Schlüsse ziehen lassen, finden die technisch aufwendigeren Versionen von Tandem stärkeres Interesse. Dies gilt auch für jenen Personenkreis, der über geringere Vorkenntnisse über Simulationstechniken verfügt. Offensichtlich darf die Komplexität eines Funktionszusammenhanges gerade bei einer anwenderfreundlichen Softwareumwelt sich für den Benützer nicht zu rasch erschöpfen.

Die im folgenden dargestellten Varianten sind ein Ausschnitt aus den Modellierungsarbeiten. Die getroffene Auswahl konzentriert sich gezielt auf " Kernkreisläufe", während "Randmodule" nicht in die Darstellung einbezogen sind. Dies soll die raschere Orientierung über jene Modellteile erleichtern, von denen die Dynamik der Simulation abhängt. Die (in projektinternen Unterlagen dokumentierten) "Randmodule" dienen in den S-Versionen von Tandem dazu, besondere Arbeitsmarkteffekte (die Veränderung der Qualifikationsstruktur der Beschäftigten in der Sachgüterproduktion und des Risikos, von Arbeitslosigkeit betroffen zu werden) quantitativ darzustellen.

Bei der Entwicklung von Tandem haben wir vielfältige Unterstützungen von anderen Projektteams der Meta-Studie II erhalten. Insbesondere die Forschungsgruppen des DIW Berlin, von IFO München und dem ISG Köln (und Professor Ronning, Universität Konstanz) stellten wertvolle Informationen und analytische Resultate zur Verfügung. Kritische Würdigungen und nützliche Anregungen zu verschiedenen Versionen von Tandem erhielten wir im Rahmen von mehreren wissenschaftlichen Tagungen und Einzelgesprächen von Robert Boyer (Cepremap, Paris), Werner Dostal (IAB, Nürnberg), Faye Duchin (Institute for Economic Analysis, New York), Peter Fleissner (ISET, Wien), Franz Xaver Hof (TU Wien), Egon Matzner (Wissenschaftszentrum Berlin), Ishaq Nadiri (NBER, New York) und Luc Soete (MERIT, Maastricht). Die vorgebrachten Überlegungen und Anregungen ließen sich allerdings nicht in jedem Fall praktisch umsetzen.

Im Laufe der Modellierungsarbeiten und während der Erstellung des Berichtes leisteten Christian Arlt, Marcus Hudec und Georg Inderst wichtige Beiträge.

Ihnen allen gilt unser herzlicher Dank.

Werner Frühstück
Gerhard Hanappi
Michael Wagner

Wien, Herbst 1989.

Inhalt

Verzeichnis der Tabellen und Abbildungen

1. Explorative Forschungsstrategie

Die wissenschaftliche Forschung über die Quellen und die Folgen ökonomisch wirksamer Innovationsanstrengungen von Wirtschaft und Gesellschaft hat eine recht vielfältige, kognitive Topologie entstehen lassen. Jeder Versuch einer quantitativen Vermessung dieses Gebietes ist daher gut beraten, sich die Optionen für eine methodisch geordnete Vorgangsweise zu verdeutlichen. Dabei steht die Frage nach dem Zweck der Vermessung am Anfang einer Abwägung der Vor- und Nachteile konkurrierender Ansätze für eine quantitative Modellierung des Innovationsgeschehens.

Die Aufgabenstellung, an der sich die Entwicklung der einzelnen Versionen des Simulationsmodells Tandem orientiert, kann folgendermaßen umrissen werden: Im Rahmen eines breiten Forschungsverbundes (jenem der META-Studie II) ist ein analytischer Rahmen zu entwickeln, in dem ausgewählte empirische Befunde einzelner Forschungsteams miteinander verknüpft werden können. Dies soll vor allem exemplarisch geschehen; es kann nicht darum gehen, alle (quantitativ spezifizierten) Resultate zueinander in Beziehung zu setzen; vielmehr gilt es, jene Schnittstellen zu markieren, in denen eine Vernetzung der Vermessungsanstrengungen der einzelnen Forschungsteams zusätzlich instruktive Befunde ergibt.

Die zentrale Zielsetzung von Tandem besteht in der quantitativen Modellierung eines Funktionskreises zwischen den Quellen und den Wirkungen der von ökonomischen Überlegungen geleiteten Innovationsaktivitäten der Bundesrepublik Deutschland. Der forschungsstrategische Wert dieses Unterfangens besteht nicht zuletzt auch darin, daß ein solcher Funktionskreis, in dem das Niveau von Innovationsaktivitäten endogen erklärt wird, noch für keine Ökonomie des OECD-Raumes (zum Zeitpunkt des Beginns des Forschungsverbundes der Meta-Studie II) wissenschaftlich zur Diskussion gestellt worden ist.

Die Vielfalt an Analysen, empirischen Erhebungen und speziellen Datenbasen, die im Rahmen des Forschungsverbundes der Meta-Studie II zur Verfügung steht, eröffnet mehrere Optionen für ein exploratives Simulationsmodell.

Insbesondere gilt es eine Auswahl zu treffen hinsichtlich

- des Innovationskonzepts;
- des Zeithorizontes, innerhalb dessen die relevanten Wirkungszusammenhänge wirksam werden;
- und der "Mikro-Meso-Makro-Brücke", die es bei einer Simulation ökonomischen Innovationsverhaltens stets zu schlagen gilt.

In jedem der Bereiche sind bei der Erstellung einzelner Versionen von Tandem spezifische Entscheidungen getroffen worden. Diese beruhen häufig auf den internationalen Forschungserfahrungen bei der Erstellung von Simulationsmodellen im Bereich der Innovationsforschung; dies wird in der folgenden Diskussion der Gründe für die vom Tandem-Team getroffenen Entscheidungen noch einmal verdeutlicht.

1.1 Innovationskonzept

Jede umfassendere Betrachtung wirtschaftlicher Innovationsdynamik bedient sich gleichermaßen einer "technologischen" und einer "ökonomischen" Charakterisierung der zentralen Wirkungszusammenhänge. Dies trifft auch auf die Befunde der Meta-Studie II zu. Beide Charakterisierungsverfahren besitzen jeweils spezifische Vor- und Nachteile.

Was die "technologische" Abgrenzung innovativer Produkte und Verfahren betrifft, so eröffnet sie die Möglichkeit im einzelnen nachzuvollziehen, wie und wann sich spezifische Innovationen durchsetzen. So läßt sich für die "informationstechnische Revolution", die gegenwärtig ein besonderes Interesse einschlägiger Studien auf sich zieht, ein Phasenschema nachzeichnen (und unter Unsicherheit in die Zukunft projizieren), wie dies für die mit der Dampfmaschine, dem Eisenbahnwesen oder dem Automobil verbundenen "industriellen Revolutionen" möglich ist. Dabei kann rekonstruiert werden unter welchen ingenieurwissenschaftlichen Voraussetzungen das Wechselspiel zwischen Marktkonkurrenz und Produktionsorganisation zur Verbreitung der neuen Technik beiträgt. In diesem Zusammenhang hat sich das Konzept des "technologischen Paradigmas" bewährt. Damit ist der Raum potentieller Entfaltungsmöglichkeit einer Innovation gemeint; er wird aus spezifischen ingenieurwissenschaftlichen Merkmalen, einer erfolgreichen Heuristik zur Lösung auftretender Probleme und der akkumulierten Expertise über die betreffende Technologie aufgespannt (Dosi 1988). Innerhalb eines solchen Paradigmas lassen sich "technische

Trajektorien" bestimmen, die wesentlich durch ökonomische Rahmenbedingungen in der Umsetzung von Optionen der Produkt- und Prozeßinnovation bestimmt werden.

Die "technologieorientierte" Charakterisierung von Innovationen verdient gerade in Zusammenhang mit dem Themenkomplex "Arbeitsmarktwirkungen" besondere Beachtung. Denn durch eine "substantielle" Beschreibung einer Innovation lassen sich Veränderungen von arbeitsplatztypischen Belastungsprofilen und berufsspezifischen Qualifikationsanforderungen als Erklärungsgrößen für die Verteilung von Beschäftigungsrisiken auf einzelne sozioökonomische Gruppen von Erwerbstätigen richten. Die beobachteten Anpassungsvorgänge am Arbeitsmarkt können auf diese Weise durch Verschiebungen in der Korrespondenz zwischen Arbeitsplatz und personenbezogenem Merkmalsprofil näher erklärt werden (Schettkat 1989; IAB-BIPP 1987).

Denn ein technologisch hochentwickelter Unternehmenssektor bringt stets parallel eine Mehrzahl von weitreichenden Innovationen hervor. So lassen sich etwa die achtziger und neunziger Jahre nicht nur als "Informationstechnologische Revolution" kennzeichnen; sie sind auch eine Periode, in der ein Wechsel der technologischen Paradigmen im Bereich der Werkstoffe oder der genetischen Verfahrenstechnologien identifizierbar ist. Im Prinzip kann die parallele Verbreitung solcher Produkt- und Prozeßinnovationen im Rahmen einer Input-Output-Analyse dargestellt werden. Dies beruht stets darauf, daß Expertenschätzungen dazu verwendet werden, die Verbreitung spezifischer "best practices" zu prognostizieren, um daraus die langfristigen branchenspezifischen oder makroökonomischen Entwicklungskorridore abzuleiten. Mit einem vielbeachteten Forschungsprogramm verfolgen W. Leontief und F. Duchin diesen Ansatz für die USA (Leontief/Duchin 1986); im Rahmen der Metastudie hat das DIW analoge Studien für Industrieroboter und CNC-Maschinen durchgeführt (Edler et al. 1989). So anregend dieser Ansatz auch ist, er eignet sich nicht für die Einbettung von Innovationsaktivitäten in einen Funktionskreis gesamtwirtschaftlicher Entwicklungen. Denn in den "technologieorientierten" Modellansätzen ist der technische Fortschritt stets exogen, während es in Tandem doch gerade darauf ankommt, das Ausmaß an Innovation als endogene Variable zu erfassen.

Diese Einordnung der gegenwärtig methodisch am fortgeschrittensten "technologieorientierten" Simulationsmodelle (Fleissner et al. 1987) legt es für Tandem nahe, eine "ökonomische" Charakterisierung von Innovation vorzunehmen. Dies entspricht einer langen Forschungstradition (die auf Ricardo 1817 und Marx 1867 zurückgeht), nach der "Technologie" in abstrakter Weise durch "Wertgrößen" dargestellt wird. Die marktmäßige Bewertung von Innovationsanstrengungen erlaubt es, eine homogene Maßeinheit zu verwenden, durch die erst eine aggregative Betrachtung jener unzähligen Einzelschritte ermöglicht wird, die von Unternehmen vorgenommen werden; zumal Mehrprodukt-Unternehmen sich häufig gleichzeitig auf mehr als nur einer einzigen technologischen Trajektorie befinden.

Zudem eröffnet die in nominellen Einheiten vorgenommene Darstellung von Innovationsaktivitäten eine Schnittstelle zum Aufwands-Ertrags-Kalkül, das unternehmerische Entscheidungsfindung (auch im Bereich von Innovationsaktivitäten) unter Konkurrenzbedingungen stets anleitet. Es scheint daher durchaus folgerichtig, daß zwei bekannte, einschlägige Simulationsmodelle, jenes der "evolutionären Konkurrenz" (Nelson/Winter 1982) und MOSES (Eliasson 1985), die Innovationsaktivitäten von Unternehmen nur durch Aufwands-Ertragsgrößen darstellen; wobei die "evolutionäre Konkurrenz" einen rein theoretisch spezifizierten Rahmen besitzt, währen MOSES teilweise auf Betriebsabrechnungsbögen und Bilanzen großer schwedischer Unternehmen zurückgreifen konnte.

Sofern das Resultat von Innovationsanstrengungen nicht in "isolierter Form" marktmäßig verwertet werden kann, fehlt es an einer direkten Beobachtung des ökonomischen Wertes der erzielten Neuerung. Dies zwingt dazu, die Innovationen vorerst am Aufwand zu bemessen, um dann in einem zweiten Schritt das Innovationsresultat indirekt zu bewerten. Dies geschieht innerhalb wirtschaftswissenschaftlicher Analysen meist durch die Interpretation zunehmender (totaler) Faktorproduktivität als Funktion der Innovationsanstrengungen einzelner Unternehmen, Branchen oder Gesamtwirtschaften (Griliches ed. 1984).

Die skizzierten Überlegungen legen für die Konstruktion von Tandem nahe, die Innovationsaktivitäten des Unternehmenssektors der Bundesrepublik Deutschland durch einen Variablentyp zu erfassen, der folgende Eigenschaften aufweist: "Innovationen" werden durch Aufwandsgrößen (in DM zu laufenden oder zu konstanten Preisen) oder daraus abgeleitete Indikatoren charakterisiert. Solche Aufwendungen betreffen (sowohl bei Produkt- als auch Prozeßinnovationen) Aktivitäten, die sich auf mehrere gleichzeitig verfolgte technologische Trajektorien beziehen. Diese Betrachtung orientiert sich an den Akteuren der Innovationsaktivitäten (den Unternehmen) und nicht an den Märkten (den Produkten), auf denen sie sich durchsetzen müssen.

1.2 Zeitraum

Das Konzept des technologischen Paradigmas entspringt einer Tradition der Innovationsforschung, die unter Berufung auf Schumpeter einen engen Zusammenhang zwischen der Entfaltung von Basistechnologien und den Wachstumszyklen kapitalistischer Wirtschaften herstellt. So betont Freeman (1987), ein führender Proponent dieser Sichtweise, die Korrespondenz zwischen fünf großen Kondratieffzyklen und dem Entstehen und der Durchsetzung neuer technologischer Paradigmen. Dabei geht es ihm darum, die Korrespondenz zwischen den weltwirtschaftlichen Beziehungen, den makroökonomischen Rahmenbedingungen (einschließlich dem politischen Regime), der Entwicklung der Märkte, der Organisation des unternehmerischen Produktionsprozesses und der wissenschaftlich-weltanschaulichen Leitideen einer Periode zu verdeutlichen. Innovationen interessieren aus dieser Perspektive vor allem als technologische Paradigmen, deren Wirkungen sich nur über Jahrzehnte hinweg angemessen studieren lassen. Diese Position vertritt auch die französiche "régulation-Schule"; (Boyer 1988).

Für ein Simulationsmodell, das den Funktionskreis, in dem Innovationsanstrengungen des Unternehmenssektors eingebettet sind, über einen Zeitraum von einer Dekade zu erfassen sucht, ist eine solche umfassende Perspektive nur als interpretatorischer Rahmen geeignet. Tandem kann nicht dazu dienen, die Entfaltung großer technologischer Paradigmen darzustellen. Es geht vielmehr um die kumulative Wirkung vieler kleiner Schritte innerhalb eines für Unternehmen überschaubaren Zeitraumes. Solche Innovationsaktivitäten erfassen ein breites Feld, das von Forschung und Entwicklung über Investitionen in Anlagen bis zum Marketing neuer Produkte reicht (Scholz et al. 1989).

In jeder einzelnen Periode realisieren Unternehmen stets ein umfassenderes Innovationsportefeuille, das sowohl mehrere Bereiche (im Sinne spezifischer Produkte und Prozesse) als auch Aktivitäten unterschiedlicher Marktnähe enthält. Sofern quantitativ der Anteil "inkrementaler" Innovationen am Innovationsportefeuille eines Unternehmens sehr hoch ist, zeigen sich die Wirkungen von Innovationsaufwendungen relativ rasch. Deshalb kann bei einer "ökonomischen" Charakterisierung von Innovation nicht vorweg davon ausgegangen werden, daß sich Veränderungen des Niveaus von Erneuerungsaktivitäten erst mit einer Verzögerung von mehreren Jahren auswirken. Zwar erfordert die Ausreifung eines Produktes von der Forschung und Entwicklung bis zur Markteinführung eine Mehrjahresperiode, doch weist die Leistungserstellung der meisten Unternehmen einen hohen Anteil von etablierten Produkten auf, bei denen inkrementale Innovationen innerhalb weniger Quartale zu Buche schlagen.

Diese Überlegung erklärt, warum die quantitative Abschätzung des Funktionskreises unternehmerischer Innovation sich durchaus auf Simulationsperioden von fünf bis fünfzehn Jahren konzentrieren kann. Solche Modellrechnungen setzen stets auf einer zugrundeliegenden Entwicklung "technologischer Paradigmen und Trajektorien auf. Diese kann im Rahmen eines kurzfristigen Simulationsmodells nicht erklärt werden. In diesem Sinn sind die "großen" und "mittleren" Wellen technologischer Innovation mehr als die Summe der laufenden kleinen Einzelanstrengungen.

Diese Einsicht gilt auch für das Qualifikationsprofil der unselbständig Erwerbstätigen, von deren Humankapitaldiensten die Steigerung der totalen Faktorproduktivität in hohem Maß mitbestimmt wird. Die "inkrementalen" Anpassungen von Fertigkeiten zur Bewältigung von Innovationsaufwendungen können meist innerhalb weniger Quartale von Unternehmen durch Schulung und erfahrungsgeleitetes Lernen erzielt werden. Die umfassende Erweiterung von Fähigkeiten und Lernpotentialen im Schul- und Ausbildungssystem verläuft dagegen über Zeiträume von mehreren Jahrzehnten. Solche langfristigen Entwicklungen bilden die Ausgangsbedingungen, unter denen die laufenden Innovationsaktivitäten des Unternehmenssektors wirksam werden.

Die Konzentration von Tandem auf einen Horizont von ein bis zwei Dekaden entspricht auch dem Blickwinkel jener Forschungsteams der Meta-Studie, deren Befunde in einzelne Versionen von Tandem eingehen. Die vorgelegten Resultate erfassen in den meisten Fällen jene Entwicklungen, die sich im Verlauf eines Jahrzehntes ergeben. Dies legt nahe, den Simulationshorizont nicht wesentlich über die Dauer des Beobachtungszeitraumes zu strecken; zuweilen scheint es sogar instruktiver zu sein, sich auf kürzere Simulationsperioden zu beschränken, für die die Annahme der "Strukturkonstanz" im Lichte der Modelle technologischer Paradigmen und Trajektorien als begründet gelten kann.

1.3 Mikro-Meso-Makro-Brücke

Die "evolutionären Modelle" technischen Fortschritts sehen in den am Markt konkurrierenden Unternehmen die Träger jener Lernprozesse, auf denen beobachtbare Produkt- und Prozeßinnovationen beruhen. Es gilt daher auf der Ebene der Unternehmen, jene Faktoren zu identifizieren, durch die Innovationsaktivitäten angeregt, verstärkt oder gehemmt werden (Dosi 1988). Zu diesem Bereich liegt im Rahmen der Meta-Studie vielfältiges Material vor, das sich für eine quantitative Auswertung eignet. Hier ist in erster Linie der Innovationstest des IFO München zu nennen. Aus ihm lassen sich Informationen über Niveau, Verwendungszweck, Zielsetzungen und Schranken von Innovationsaktivitäten des produzierenden Gewerbes in der Bundesrepublik Deutschland gewinnen (Scholz et al. 1989).

Die Verfügbarkeit solcher Daten in Zeitreihenform (beschränkter Reichweite) wirft die Frage auf, ob ein Simulationsansatz gut beraten ist, bei der Modellierungsarbeit direkt vom Unternehmen als elementarer Analyseeinheit auszugehen. Jene Forschergruppe, die MOSES als "Micro-to-Macro" Modell zur Simulation der schwedischen Wachstumsdynamik entwickelt, hat diese Frage bejaht. Aus den seit über einem Jahrzehnt vorangetriebenen Datenerhebungen und Modellierungsexperimenten lassen sich Hinweise über die Erfolgschancen und -risken einer solchen Vorgangsweise gewinnen: Das MOSES-Team vermag für führende Unternehmen (die große Teile des Umsatzes der schwedischen Industrie erwirtschaften) spezifische Entscheidungskalküle zu charakterisieren, aus denen sich das beobachtbare Verhalten in hohem Maß erklären läßt. Insbesondere die Rückkoppelung zwischen laufender eigener Performance (Umsatz, Rendite) und dem Verhalten der Konkurrenz läßt sich im Prinzip in MOSES gut erfassen. Dies entspricht einer der zentralen Überlegungen evolutionärer Innovationskonzeptionen (Eliasson 1985).

Bei der Vernetzung der Unternehmensmodule ist das MOSES-Projekt indes auf folgende Schwierigkeit gestoßen. Innerhalb jeder Branche läßt sich nur eine begrenzte Zahl von Unternehmen erfassen, deren Entscheidungsstruktur direkt modelliert werden kann. Es verbleibt eine Restkategorie an Unternehmen. Für diese Residualunternehmen muß Umfang und Struktur der wirtschaftlichen Aktivitäten indirekt aus Branchenstatistiken erschlossen werden; auf diese Weise kann ein synthetisches "Restunternehmen" gebildet werden, dessen es bei Simulationen bedarf, um die nächsthöhere Aggregationsstufe (den Wirtschaftszweig) zu erreichen. Es hat sich im Laufe der konkreten Modellentwicklung gezeigt, daß diese Residualunternehmen über kein synthetisch ermitteltes Entscheidungskalkül verfügen, das auch nur mit einem der gängigen mikroökonomischen oder organisationssoziologischen Modellen kompatibel wäre. Zudem erweisen sich diese Residualunternehmen in der durch MOSES simulierten evolutionären Konkurrenz stets als inferior; sie werden durch die direkt erfaßten (und strukturell beschriebenen) Unternehmen verdrängt. Sie "verschwinden" schließlich aus dem Bereichfeld der Simulation (Eliasson 1985).

Das Problem der synthetischen Residualunternehmen gilt es bei einer Diskussion der Auswahl einer elementaren Analyseeinheit für Simulationsmodelle ernstzunehmen. Es scheint, als würde der Informationsgewinn über jene Unternehmen, die direkt erfaßt werden, erheblich dadurch entwertet, daß keine Verfahren zur Verfügung stehen, um die "weißen Flecken" durch kohärente Schätzungen zu ergänzen.

Dadurch büßt MOSES (und jedes ähnlich ansetzende Simulationsmodell) von vornherein einen wichtigen Teil seiner Stärke als "Strukturmodell" der innovatorischen Entscheidungsfindung wieder ein. Denn ein erheblicher Teil der auf der nächsthöheren Aggregationsebene beobachtbaren Dynamik wird durch die synthetischen Residualunternehmen bestimmt. Da aber MOSES (wie alle Modelle mit einer großen Zahl von Modulelementen) nicht mit Hilfe analytischer Methoden gelöst werden kann, bleibt ungewiß, welchen Einfluß die synthetischen Residualunternehmen ausüben.

Diese Erfahrung hat im Kontext von Tandem dazu angeregt, den ersten Schritt von der Ebene des Unternehmens zu jener eines Wirtschaftszweiges mit Hilfe einer direkten Aggregation zu bewältigen. Die Daten stammen zwar aus unternehmenspezifischen Erhebungen, doch wird deren Informationsgehalt (durch Gewichtung) auf die Branche hochgerechnet. Auf diese Weise kann ein kohärentes Datenmaterial für Simulationen gewonnen werden, die sich der Branche als elementarer Analyseeinheit bedienen (Scholz et al. 1989).

Auch wenn angesichts der skizzierten Probleme die Wahl der Branche als Analyseebene gerechtfertigt scheint, lohnt es sich, den dadurch verursachten Verlust an Modellierungsmöglichkeiten zu vergegenwärtigen. Denn die industriesoziologische Literatur der siebziger und achtziger Jahre hat erneut darauf aufmerksam gemacht, daß die Arbeitsmarktwirkungen neuer Technologien insbesondere davon abhängen, wie Unternehmen ihre organisatorischen Spielräume im Innovationsgeschehen nützen (Kern/Schumann 1985; Baethge/Overbeck 1986). Dies haben auch jene Befunde in der Metastudie bestätigt, die im Rahmen von betriebs- und unternehmensbezogenen Analysen gewonnen wurden (Höflich-Häberlein/Häbler 1989, Ewers et al. 1989.).

Sofern allerdings die Unternehmensstrategien der Organisationsanpassung branchentypische Muster aufweisen, läßt sich die Wirkung von Innovationsanstrengungen hinsichtlich der Beschäftigungsdynamik auch auf dieser Analyseebene nachzeichnen. Daß eine solche Perspektive einer "repräsentativen Unternehmenskonzeption" durchaus signifikante Resultate erbringt, hat sich im Rahmen der Meta-Studie auch für die Beschäftigungswirkungen erneut nachweisen lassen (Warnken/Ronning 1989, Schettkat/Bangel 1989).

Für den Übergang von der Meso- zur Makroebene stehen im Rahmen der Innovationsforschung erprobte Vorgangsweisen, zu deren weiterer Entwicklung Forschungsteams der Meta-Studie beigetragen haben, zur Verfügung. So kann der produkt- und prozeßtechnische Fortschritt in Form sich verändernder güterwirtschaftlicher Verflechtungen dargestellt werden. Dies erlaubt, die Verteilung der Wirkung von Innovationsanstrengungen auf einzelne Branchen und die Gesamtwirtschaft nachzuvollziehen. Dies bietet im Prinzip eine methodisch befriedigende Vorgangsweise, die sich schrittweise in mehrere Richtungen verfeinern läßt. Auf jeden Fall ist bei dieser Forschungsstrategie abzusehen, daß die Kumulation von Daten und Modellen einen deutlich verbesserten Überblick über die quantitativen Wirkungszusammenhänge des Funktionskreises, in den Innovationen des Unternehmenssektors eingebunden sind, verschafft; (Edler et al. 1989, Blazejczak 1989).

Tandem nützt (in einigen seiner Versionen) die skizzierte Variante des Mikro-Meso-Makro-Brückenschlages. Von der Unternehmens- zur Branchenebene führt ein Aggregationsgitter, das die Modellierung strategischer Interaktion nicht zuläßt; die Branchenebene ist dagegen mit dem Makroniveau durch eine Verflechtungsanalyse verbunden, innerhalb derer auch komplexere Rückkoppelungen durchaus verfolgt werden können. Dabei gewinnen (aufgrund der Zielsetzung von Tandem) jene Funktionszusammenhänge besonderes Interesse, die zeigen, welche Kräfte das Niveau der Innovationsanstrengungen bestimmen und welche Folgewirkungen dadurch ausgelöst werden.

1.4 Modellvarianten von Tandem

Von Tandem liegen mehrere Versionen vor, die sich hinsichtlich der jeweils verfolgten Forschungsstrategie deutlich voneinander unterscheiden. Allen Varianten ist allerdings gemeinsam, daß ihre logische Struktur analytisch stets durchschaubar bleibt. Darin unterscheidet sich Tandem von jenen Modellansätzen, deren dynamische Eigenschaften aufgrund der hohen Zahl an Gleichungen und komplexen Interaktionsmustern nur "lokal" erfaßt werden können. In diesem Sinne wissen sich die Simulationsstudien von Tandem jener wirtschaftswissenschaftlichen Tradition verpflichtet, die in Samuelsons Korrespondenzprinzip eine anerkannte Formulierung gefunden hat.

Eine solche Selbstbeschränkung ist im Bereich der Konstruktion von Simulationsmodellen für Zwecke der Simulationsforschung keineswegs selbstverständlich. So bekennt sich das MOSES Projektteam ausdrücklich zu einem Verzicht auf analytische Stabilitätsuntersuchungen (selbst für das Set empirisch ermittelter Parameter); Eliasson 1985. Dies hat allerdings nichts mit der Frage zu tun, ob sich das Modell primär an einem neoklassischen Gleichgewichtsdenken orientiert. (So berücksichtigt etwa eine Tandemversion die Möglichkeit von zunehmenden Skalenerträgen aufgrund von verstärkten Innovationsanstrengungen.) Es geht vielmehr um die Frage, ob bestimmte Modelleigenschaften unabhängig von spezifischen Simulationsläufen theoretisch erhellt werden können.

Eine weitere zentrale Gemeinsamkeit aller Tandemversionen besteht darin, daß jeder ihrer quantitativen Parameter auf einer empirischen Schätzung beruht. In der überwiegenden Zahl der Fälle entstammen die Parameter ökonometrischen Zeitreihenschätzungen; (die teils gemeinsam mit Gustav Horn am DIW durchgeführt wurden). Ein Set an Parametern ist Input-Output-Tabellen entnommen. Eine weitere Quelle sind dynamische Multiplikatoren, die von Jürgen Blazejczak aus dem DIW-Langfrist-Modell zur Verfügung gestellt worden sind. Die statistischen Methoden, mit denen die empirischen Parameterwerte gewonnen sind, beruhen meist auf den jeweils einfachsten zur Verfügung stehenden Verfahren. In dieser Hinsicht sind die empirischen Grundlagen von Tandem noch verfeinerungsfähig. Stichprobenartig vorgenommene Vergleiche zwischen höherwertigen Techniken (etwa Systemschätzer) mit simplen Verfahren (etwa OLS-Schätzer) haben eine hohe Robustheit der Parameterwerte gegenüber den angewendeten Verfahren ergeben.

Von diesem Grundsatz der Empirietreue ausgehend sind alle Kalibrierungen des Modells für Simulationszwecke explizit als "exogene Variable" gekennzeichnet. Auf diese Weise kann bei einem Simulationsexperiment stets abgelesen werden, inwieweit die gewonnenen Resultate direkt geschätzten empirischen Werten oder nachträglich (zur Kontrolle des dynamischen Modellverhaltens) zwischengeschalteten Kalibrierungen entspringen.

Das Konzept der "Empirietreue" darf indes nicht positivistisch als "empirisch wahr" mißverstanden werden. Denn die empirisch ermittelten Parameter sind unter der Vorannahme gewonnen, daß das der Schätzung zugrundeliegende Modell theoretisch korrekt spezifiziert sei. Dies muß aber in einer wissenschaftlichen Diskussion gegenüber kritischen Einwänden offen bleiben.

Der Einfluß der theoretischen Vorannahmen auf das sich ergebende Bild quantitativer Beziehungen ist insbesondere bei der Interpretation jener Versionen von Tandem zu beachten, die von einer Konzeption "einsinniger Funktionsbeziehungen" ausgehen. Es sind dies die Varianten Tandem-S1 und Tandem-S2. In ihnen wird ein unidirektionaler Funktionskreis zwischen Innovation - Produktivität - Wachstum - Investitionen - Innovation hergestellt. In den Tandem-S Versionen bestehen keine endogenen Wechselwirkungen zwischen verschiedenen Variablengruppen.

Der Vorteil dieser Modelltechnik besteht darin, daß sie die Methodik verbalen Argumentierens nachvollzieht. Der Benützer der S-Versionen braucht das Modell nur, um die "quantitative Dimension" seiner Argumentationslinie über wiederholte Simulationsläufe hinweg erfassen zu können. Die S-Versionen bieten überraschungsfreie Rechenhilfen für einen spezifischen wirtschaftswissenschaftlichen Begründungszusammenhang, dessen einzelnen Module den Standardresultaten der Makroökonomik und Innovationsforschung entnommen sind. Wer gegen die S-Versionen einwendet, sie wären zu einfach modelliert, der verliert deren Zweck aus den Augen. Dieser besteht gerade darin, einen verbal überblickbaren Zusammenhang empirisch gestützt quantitativ auszuformulieren.

Methodisch lassen sich die Gleichungssysteme der S-Versionen auch als reduzierte Formen von komplexen Teilmodulen des Funktionskreises interpretieren. Die direkte Reduzierte-Form-Schätzung der verbindenden Funktionalbeziehungen steht allerdings einer kritischen Beurteilung offen.

Gerade wegen ihrer einfachen Grundstrukturen ergeben einzelne S-Versionen direkt Informationen über die Arbeitsmarktwirkungen verstärkter (oder abgeschwächter) Innovationsanstrengungen; dazu zählen etwa die Veränderungen geschlechtsspezifischer Qualifikationsstrukturen oder Variationen der Zugangsströme zur Arbeitslosigkeit.

Während die S-Varianten dem Prinzip eines "einsinnigen Funktionskreises" folgen, sind die Versionen Tandem-T und Tandem-M als Systeme mit starken Wechselwirkungen und Rückkoppelungen aufgebaut. Insbesondere sind Interaktionen zwischen Mengen und Preisen explizit erfaßt (Tandem-S beruht dagegen ausschließlich auf "realen" Wirkungszusammenhängen). Die T-Variante entspricht dem Modell einer geschlossenen Volkswirtschaft mit exogen vorgegebenen Zinssätzen. In der M-Variante sind auch die Wechselkurse und die Geldmärkte endogen erklärt.

Die Komplexität der T- und der M-Versionen reicht aus, um für den Benützer des Simulationsmodells durchaus unerwartete Resultate bereit zu halten. Dies bestätigt die Notwendigkeit, den Wechselwirkungen zwischen den makroökonomischen Rahmenbedingungen und den Innovationsanstrengungen des Unternehmenssektors besondere Aufmerksamkeit zu schenken. In diesem Sinn kann die Erstellung der Tandemversionen als durchaus komplementäre Aufgabe zu den Mikro-Untersuchungen interpretiert werden. So hat das Forschungsteam, das im Rahmen der Metastudie empirische Befunde auf Unternehmensebene zur Einführung moderner Techniken im produzierenden Gewerbe vorlegt, seine Resultate unter dem Titel "Der Kontext entscheidet" zusammengefaßt. Dies gilt auch auf der gesamtwirtschaftlichen Ebene. Insbesondere innerhalb von Tandem-M läßt sich zeigen, daß die Beschäftigungswirkungen erhöhter Innovationsanstrengungen durchaus von der Wechselkurs- und Zinssatzpolitik mitbestimmt werden. Aus dieser Perspektive gibt es auch im gesamtwirtschaftlichen Kontext keinen "Technikdeterminismus"; es kommt auf die "régulation" an.

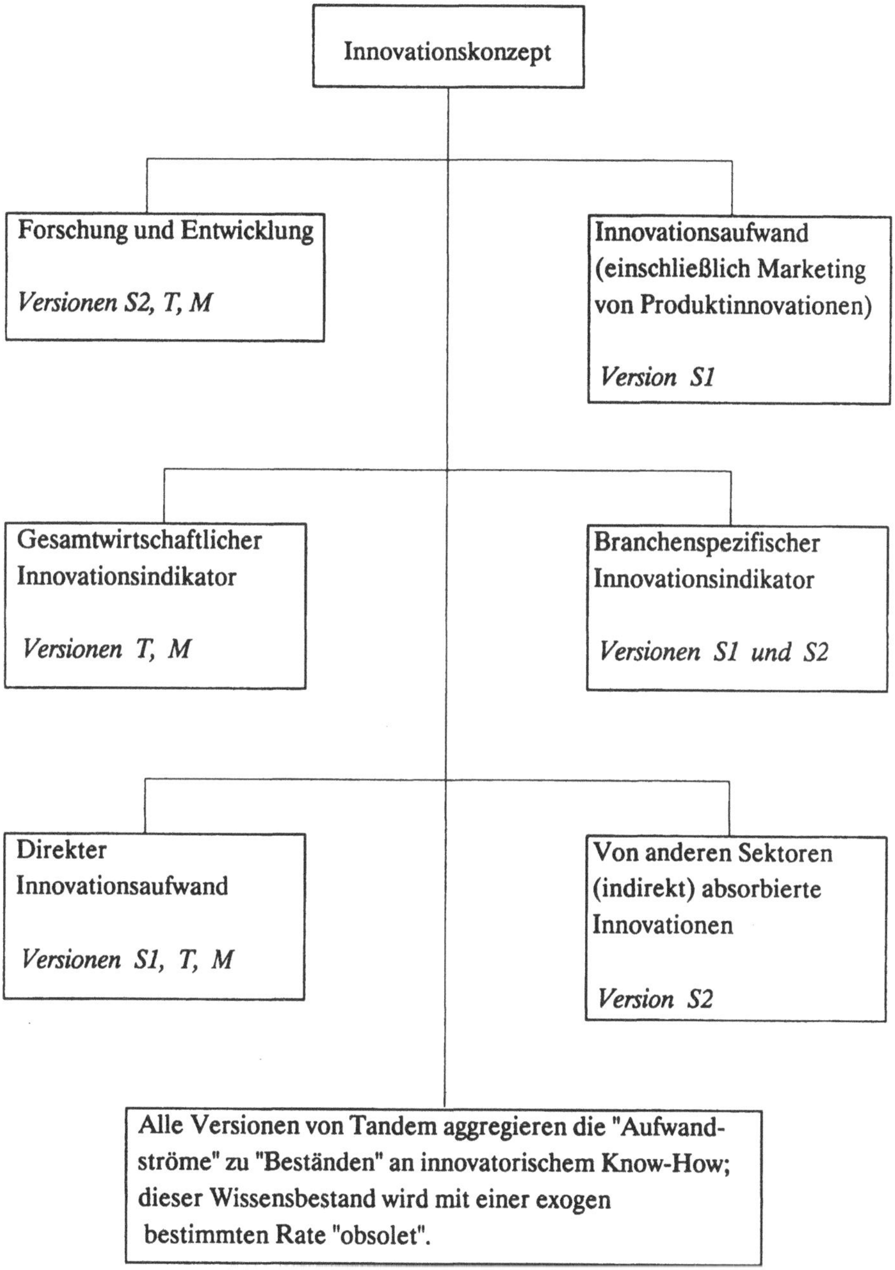

Abbildung 1.1 Innovationskonzepte der Versionen von Tandem

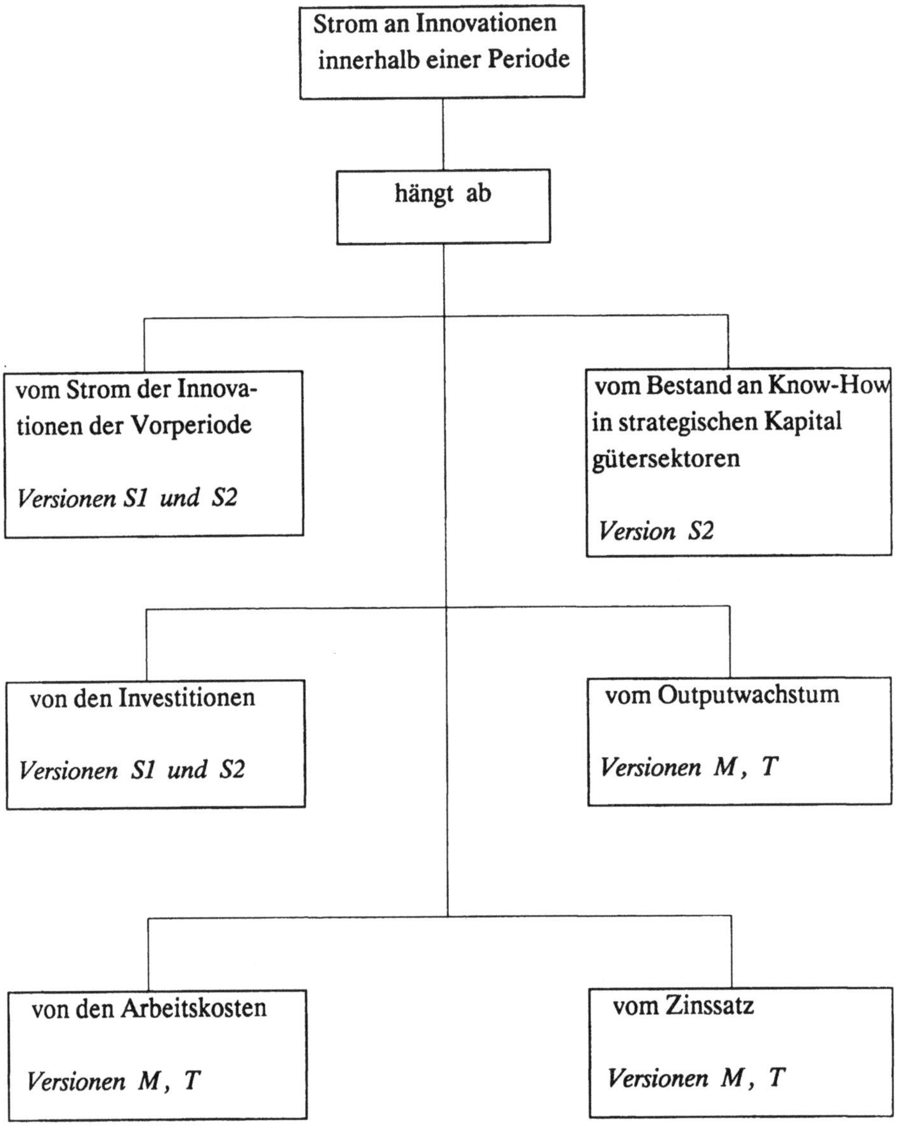

Abbildung 1.2 Innovationsfunktionen der Versionen von Tandem

2. Kausalstrukturierte Kreisläufe

2.1 Wirkungsfelder

Tandem-S besitzt eine modulare Struktur; jedes einzelne Wirkungsfeld des Gesamtkreislaufes "Innovation-Wachstum-Beschäftigung" ist eigenständig modelliert.

Die dazu notwendigen Spezifikationen beruhen auf Überlegungen, die sich in Form von sechs Thesen darstellen lassen. Die Thesen betreffen die Auswahl der zentralen Variablen, die Funktionsbeziehungen zwischen den Variablen sowie die Richtung und Stärke der erfaßten Wirkungsketten.

Zu jeder der Hypothesen wird im folgenden skizzenhaft auf theoretische Überlegungen und empirische Befunde aus der Forschungsliteratur hingewiesen. Diese werden durch Resultate aus der empirischen Spezifikation von Tandem-S ergänzt.

These 1: Innovationsaktivitäten

Die zur Einführung neuer Technologien notwendigen Innovationsaktivitäten gehören zu den stabilen Merkmalen von Unternehmen und Wirtschaftszweigen, die sich an jenen Marktdaten (wie den relativen Faktorpreisen, der Kapitalrendite oder den Absatzerwartungen) orientieren, von denen auch die Investitionsentscheidungen abhängen.

Die These von der relativen Stabilität der branchenspezifischen Innovationsaktivitäten beruht auf der Auffassung, daß Unternehmen die auf Innovation gerichteten Aktivitäten (nicht zuletzt im Bereich von Forschung und Entwicklung) als Standardinstrument einsetzen, um den wirtschaftlichen Erfolg des Unternehmens zu sichern; sie versuchen so auf organisatorische Weise sicherzustellen, daß sie gegenüber ihren Rivalen im Kampf um eine vorteilhafte Position im Rahmen monopolistischer Konkurrenz nicht zurückfallen (Dasgupta/Stiglitz 1988). Zudem bewirkt die notwendige Komplementarität von technischen und organisatorischen Anpassungen eine Beharrungstendenz im Innovationsverhalten (Cyert/Mowery 1987). Dies haben auch empirische Studien gezeigt, aus denen hervorgeht, daß die F&E-Aktivitäten wesentlich stabiler sind als etwa die Investitionen.

Die Stabilität des Innovationsverhaltens wird in Tandem-S durch eine autoregressive Komponente in der "Innovationsfunktion" abgebildet. Diese Spezifikation hat sich empirisch gut bewährt, wobei insbesondere die innovativen Aktivitäten der Sektoren "Elektrotechnik" und "Chemische Industrie" einen hohen Grad an "selbsterklärender Entwicklungsdynamik" aufweisen.

Die Überlegung, innovative Aktivitäten würden durch Größen beeinflußt, die auch das Innovationsverhalten bestimmen, stützt sich auf Analysen, die Schmookler schon Anfang der sechziger Jahre vorgelegt hat (Schmookler 1971). Dies ist unter theoretischen Gesichtspunkten auch naheliegend, sofern "Know-How" als eine Art Kapital sui generis aufgefaßt wird (was allerdings auf den Widerstand jener Ökonomen stoßen wird, die schon der Aggregation von Sachkapital skeptisch gegenüber stehen).

In Tandem-S wird diese Hypothese dazu genützt, die Investitionen als "Proxy-Variable" für die auf Innovationsaktivitäten bezogenen Ertrags- und Kostengrößen zu verwenden. Dabei zeigt sich, daß Sektoren wie "Maschinen-" oder "Straßenfahrzeugbau" eine relativ hohe, kurzfristige Sensitivität gegenüber Veränderungen in diesen Kosten/Ertragsvariablen aufweisen.

Insgesamt gesehen stehen die mit Hilfe von IFO-Innovationszeitreihen und mit F&E-Daten des Stifterverbandes (in einer Bearbeitung des DIW) vorgenommenen ökonometrischen Schätzungen für Tandem-S nicht im Widerspruch mit der Kernaussage von These 1, die einen brauchbaren Ansatz für empirisch testbare Spezifikationen von Tandem-S abgibt.

These 2: Produktivitäts- und Nachfrageeffekte

Innovationsaktivitäten rufen einerseits eine Steigerung der Faktorproduktivität (insbesondere des Faktors Arbeit) hervor, andererseits senken sie (im Rahmen des Qualitätswettbewerbes) die Preiselastizität der Nachfrage auf jenen Märkten, auf denen das innovative Unternehmen seine Leistungen anbietet.

Innovationsaktivitäten erfolgen im Rahmen des normalen Marktwettbewerbes. Sie zielen auf Kostensenkung und Ertragssteigerung ab. Das bestätigt der IFO-Innovations- und Konjunkturtest für alle Branchen des Verarbeitenden Gewerbes in der Bundesrepublik Deutschland (IFO 1988).

Zur Erfassung der Produktionseffekte von Innovationen gilt es, eine zu den innovativen Aktivitäten korrespondierende Bestandsgröße zu konstruieren. Einen naheliegenden Ansatz dafür bietet die Konzeption eines "Innovations-Wissensbestandes", der sich aus Aggregation und Abschreibung der laufenden Innovationsaufwendungen ergibt. Auf diese Weise läßt sich "innovatives Know-how" in die traditionelle Theorie des Unternehmens eingliedern, wodurch die Spezifikation von ökonometrischen Gleichungen erleichtert wird.

Der skizzierte Weg wird von Tandem-S auch tatsächlich beschritten. Die laufenden Innovationsaufwendungen werden zu einem "Know-How-Bestand" aggregiert, dessen Veränderungen die jeweils "optimale" Technik der Leistungserstellung beeinflussen.

Die wirtschaftlichen Auswirkungen neuer Techniken werden in Tandem-S durch das Verhältnis von Arbeitseinsatz und Produktionsvolumen dargestellt; d.h. die Höhe des Innovationskapitalstocks beeinflußt systematisch die Stundenproduktivität der Beschäftigten. Dies kann die Folge von "betriebstechnischen" Anpassungen oder "marktbedingten" Ertragssteigerungen sein. Sowohl Prozeß- als auch Produktinnovation werden auf diese Weise erfaßt.

Die gewählte Vorgangsweise bewährt sich empirisch für die Bundesrepublik Deutschland sehr gut. Ökonometrische Schätzungen zeigen einen signifikanten Zusammenhang zwischen dem Innnovationskapitalstock und der Stundenproduktivität der Beschäftigten (unter Berücksichtigung der relativen Faktorpreise und des Auslastungsgrades der betreffenden Branche). Dieses Resultat zeigt sich besonders deutlich für das Verarbeitende Gewerbe. Doch auch im Dienstleistungsbereich lassen sich solche Effekte nachweisen; etwa im Handel, im Nachrichtenwesen (Bundespost) oder bei den "Sonstigen Dienstleistungen", während im Banken- und Versicherungswesen die Befunde unschärfer ausfallen, was mit den detaillierten Branchenstudien von Infratest (1989) übereinstimmt.

So gut sich die skizzierte Vorgangsweise bei den empirischen Schätzungen auch bewährt hat, gilt es doch einige kritische, relativierende Überlegungen zu bedenken. Diese betreffen insbesondere folgende Bereiche: das Ausmaß der unternehmens- oder branchenspezifischen Aneigenbarkeit von innovatorischem Know-how; die Höhe der "Abschreibung" von Wissensbeständen; die Wahl eines Preisindex zur Gewinnung realer Forschungs- und Entwicklungsaufwendungen; das Simultanitätsproblem von Marktstruktur (Preiselastizitäten) und Innovationsaktivitäten.

Was die Aneigenbarkeit von innovatorischem Wissen betrifft, so haben schon die Klassiker darauf hingewiesen, daß jeder Pionier damit rechnen muß, seine Sondergewinne in der Konkurrenz mit Imitatoren schrumpfen zu sehen. Daher gibt es einen erheblichen Unterschied zwischen dem sozialen und dem privaten Nutzen, der aus Innovationen gezogen wird (Arrow 1971); zudem zeigen neuere Studien markante Unterschiede in der wirtschaftszweigspezifischen Aneigenbarkeit von angewandter Forschung und Entwicklung (Levin et al. 1984).

Die unzureichende Aneigenbarkeit von innovatorischem Wissen beeinflußt den Wert (und somit implizit die "Abschreibung") des Innovationskapitalstocks. Je nach der Einschätzung des Ausmaßes solcher Imitations- und Verdrängungseffekte kommen einzelne Studien daher zu recht unterschiedlichen Annahmen über die implizite, jährliche "Obsoleszenzrate" für Wissensbestände. Sie reichen von rund 25% (Schankermann/Nadiri 1984) über 15% (Frascati-Manual der OECD), knapp 10% (Griliches 1984) bis zu 5% und darunter (Mansfield 1984). Im Rahmen von Tandem-S wird bei den empirischen Schätzungen und Simulationen mit impliziten Obsoleszenzraten zwischen 0% und 20% experimentiert. Dabei ergibt die Wahl niedrigerer Obsoleszenzraten plausiblere Resultate.

Analog zum Obsoleszenzproblem erweist sich die Behandlung der Wertentwicklung von Wissensbeständen als schwierig (Mansfield 1984). In Tandem-S wird der BIP-Deflator zur Gewinnung realer Innovationsaufwendungen herangezogen. Dies macht die Resultate mit jenen des DIW 1988 vergleichbar.

Zuletzt gilt es, die Simultanitätsproblematik bezüglich "Marktstruktur" und "Innovation" zu bedenken. Auch die jüngsten Studien für die Bundesrepublik Deutschland (ISG 1988) bestätigen die internationalen Resultate, daß eine positive Kovarianz zwischen Marktkonzentration und Niveau der Innovationsaktivitäten besteht. Die theoretische Literatur (Dasgupta/Stiglitz 1988) betrachtet diesen Zusammenhang als Merkmal eines simultanen Prozesses. In Tandem-S wird demgegenüber implizit angenommen, daß die Innovationsaktivitäten die treibende Kraft hinter der Verringerung der Preiselastizität der Nachfrage nach den Gütern des innovativen Unternehmens sind.

Ohne die skizzierten Probleme in der empirischen Messung und der theoretischen Konzeptualisierung (nicht zuletzt auch ohne die Frage, ob sich "Wissen" überhaupt zu einem Kapitalstock aggregieren läßt) aus dem Blickwinkel zu verlieren, sehen wir die für Tandem-S gewählte Vorgangsweise als akzeptablen Kompromiß an; die in These 2 skizzierte Perspektive hat sich bewährt.

These 3: Diffusion der Wirkung neuer Techniken

Die bei der Entwicklung neuer Technologien akkumulierten Wissensbestände werden direkt bei jenen Unternehmen wirksam, von denen die Innovationsanstrengungen ausgehen. Darüber hinaus beeinflussen die Innovationsaktivitäten auch die Produktionstechnik jener Betriebe, die Investitionsgüter (oder Vorleistungen) aus den innovierenden Wirtschaftsbereichen beziehen. In diesem Sinn wird die Diffusion der Wirkung neuer Techniken von der spezifischen Dynamik von "Akkumulation" und "Absorption" bestimmt.

Der Grundgedanke von These 3 hat schon in jener Konzeption der klassischen Ökonomie Ausdruck gefunden, die besagt, daß die Arbeitsteilung verstärkte Spezialisierung erlaube, wodurch die Produktivität einzelner Aktivitäten ebenso steige wie jene der Gesamtwirtschaft. Diese Idee ist von den "neuen Wachstumstheorien"

(Romer 1987) wieder aufgegriffen worden; sie argumentieren, durch Differenzierung bei den Inputfaktoren (Produktinnovation) käme es zu steigenden Skalenerträgen bei den Produzenten (Prozeßinnovation), wodurch das Sozialprodukt insgesamt wachse.

Die Bedeutung der Weitergabe innovatorischer Impulse durch die güterwirtschaftliche Verflechtung haben empirisch die Studien von IFO 1988 und DIW 1988 für die Bundesrepublik belegt. Dabei zeigt sich, daß zwischen den "akkumulierenden" ("spendenden") und den "absorbierenden" ("empfangenden") Sektoren eine starke Überlappung, aber doch keine Deckungsgleichheit besteht; so "spendet" der Maschinenbau weit mehr als er erhält, während große Dienstleistungsbereiche (wie etwa die Banken) bedeutende Innovationsimpulse absorbieren, ohne solche im großen Stil an die anderen Sektoren abzugeben.

In Tandem-S (Version Tandem-S2) wird diese Wechselwirkung zwischen Akkumulation und Absorption im Bereich des Investitionsgüterstromes dargestellt: Je mehr Innovationsanstrengungen von den die Investitionsgüter anbietenden Sektoren unternommen werden, desto größer ist der akkumulierte Innovationskapitalstock; dieser kann nur über Investitionen von den übrigen Sektoren absorbiert werden. Voraussetzung für die breite Wirkung innovativer Aktivitäten ist daher ein ausreichendes Maß an Anlagekapitalbildung.

In dieser Hinsicht entspricht die auf der Basis der Investitionsgüterverflechtungsmatrix 1980 beschriebene Dynamik der Konzeption der "Vintage"-Modelle, in denen die marginale Kapitalproduktivität stets höher als der durchschnittliche Wert ist (Jorgenson 1988). Allerdings beruhen solche "Jahrgangseffekte" nicht nur auf jenem technischen Fortschritt, der in seiner geronnenen Form durch Investitionsgüter weitergegeben wird. Produktivitätssteigerungen entspringen auch jenen externen Effekten, die von dem Aufbau von Humankapital ausgehen (Prescott/Boyd 1987).

Diese Synergieeffekte greift Tandem-S durch die Berücksichtigung "autonomer" Komponenten im Aufbau des Innovationskapitalstocks auf; wobei als "autonom" alle jene Zuwächse des Wissensbestandes gelten, die weder durch die Wirkungskette "Innovationen-Investitionen" noch durch den investitionsgüterwirtschaftlichen Transfermechanismus erklärt werden. Empirisch gesehen besteht zwischen den beiden Formen von Innovationswirkungen ("endogen" und "exogen") ein enger Zusammenhang, wie Metcalfe (1987) eindringlich betont. In diesem Sinne bietet These 3 einen befriedigenden Ansatz zur empirisch gestützten Modellierung der Diffusion von Innovationspotentialen.

These 4: Direkte Arbeitsmarkteffekte

Die Nutzung neuer Techniken senkt (bei gegebenem Leistungsniveau) den Einsatz an Arbeitsstunden.

An der empirisch vielfach getesteten These des Rationalisierungseffektes von neuen Techniken entzünden sich meist rasch wirtschaftspolitische Kontroversen. Dabei steht sowohl auf mikroökonomischer wie auf gesamtwirtschaftlicher Ebene fest, daß Innovationsaktivitäten in eine arbeitssparende Richtung tendieren. Aus makroökonomischer Perspektive haben Kugler/Müller/Sheldon (1987) dies erneut nachgewiesen; in mikroökonomischer Dimension Flaig/Stadler (1988). Das Ausmaß dieser arbeitssparenden Tendenz variiert indes deutlich zwischen den verschiedenen Wirtschaftszweigen; neueste Untersuchungen von Infratest (1988) deuten auf bloß schwache Effekte im Bankbereich. Einen hohen Grad an sektoraler Differenzierung konstatieren auch Cyert/Mowery 1987 für die USA.

Die sektoralen Schätzungen der "Produktivitätsfunktion" (für die Arbeitsstundenproduktivität) von Tandem-S stehen mit diesen Befunden in Einklang; vor allem im Verarbeitenden Gewerbe (z.B. Maschinenbau, Elektrotechnik) treten hohe Rationalisierungseffekte auf; aber auch im Handel bewirken Innovationen einen deutlichen Rückgang der Arbeitsstundennachfrage bei gegebenem Niveau der Leistungserbringung.

In welchem Ausmaß die direkten Rationalisierungseffekte durch eine Beschäftigungsausweitung (aufgrund einer preissenkungsbedingten Nachfrageexpansion) kompensiert werden, kann im Rahmen von Tandem-S nicht untersucht werden. Dabei kann, abgesehen von Meßproblemen (Oppenländer 1987), aufgrund von Modellrechnungen angenommen werden, daß die direkten Rationalisierungswirkungen nur selten von den korrespondierenden Nachfrageeffekten kompensiert werden (DIW 1988). Gegenüber den direkten Effekten mag sich auf gesamtwirtschaftlicher Ebene ein hohes Maß an Kompensation ergeben, wie Cyert/Mowery (1987) für die USA konstatieren.

These 5: Gesamtwirtschaftliche Anpassungsvorgänge

Die Innovationsaktivitäten lösen aufgrund der (durch sie bewirkten) Veränderung der Produktionstechnik angebotsseitige Schocks aus, die im Rahmen des marktwirtschaftlichen Interaktionsgefüges insbesondere folgende makroökonomische Anpassungsvorgänge hervorrufen: erhöhte Investitionstätigkeit, steigende Reallöhne, zunehmende Terms of Trade, wachsende Exporte, beschleunigtes Sozialproduktwachstum.

Die skizzierten Anpassungsvorgänge lassen sich in vielen ökonometrischen Makromodellen nachweisen, die von einer, der Bundesrepublik ähnlichen, institutionellen und wirtschaftlichen Struktur ausgehen. Sie können etwa innerhalb des DIW-Langfristmodells als sehr robuste Resultate gelten.

Die genauen quantitativen Ausprägungen dieser makroökonomischen Anpassungen variieren indes mit den Strategiekonzepten, die von den einflußreichen, wirtschaftspolitischen Entscheidungsträgern verfolgt werden. So hängt das Ausmaß der mit zunehmender Stundenproduktivität verknüpften Geldlohnsteigerungen von den Vereinbarungen der Tarifpartner ab; dies beeinflußt (bei gegebener Wechselkurspolitik der Bundesbank) die Terms of Trade, von deren Entwicklung der Umfang an Exportgewinnen abhängt. Die jeweils vorherrschenden Strategiekonfigurationen beeinflussen das Ausmaß, in welchem die Produktivitätssteigerungen in Einkommensgewinne bzw. Beschäftigungszuwächse umgewandelt werden (DIW 1988). Die Richtung der Anpassungsvorgänge bleibt jedoch davon unberührt, weswegen These 5 sich als Modellierungsansatz für Tandem-S als geeignet erwiesen hat.

These 6: Exogene Schocks - endogene Funktionskreise

Die beobachtbaren Innovationsaktivitäten und ihre gesamtwirtschaftlichen (und arbeitsmarktspezifischen) Wirkungen sind teils durch "exogene" Schocks (wissenschaftlicher Erkenntnisfortschritt, weitreichende Erfindungen), teils durch den endogenen Funktionszusammenhang des marktwirtschaftlichen Wirkungskreises "Innovation-Technik-Gesamtwirtschaft" bestimmt.

In den meisten analytischen Modellen der ökonomischen Technikfolgenabschätzung werden die Innovationsaktivitäten als exogene Variable behandelt. Demgegenüber versucht Tandem-S, dem häufig geäußerten Postulat (Boskin 1986, Blattner 1986) einer Endogenisierung von "Innovation" nachzukommen. Dabei wird insbesondere ein Nexus zwischen Investitionen und Innovationen hergestellt, was mit den herrschenden Auffassungen über die Mikroökonomie unternehmerischer Innovationsaktivitäten übereinstimmt.

Indes entspringen nicht alle Innovationsaktivitäten einem ökonomischen Regelkreis im engeren Sinn. So verdanken sich neue Technologien häufig Forschungsanstrengungen, die aus öffentlichen Mitteln finanziert werden; die damit geschaffenen technischen Optionen bieten wichtige Anregungen für Versuche des Unternehmenssektors, sich neue Techniken anzueignen. Solche öffentlichen Aktivitäten sind als (relativ zur privatwirtschaftlichen Ertragsregulierung) exogene Variable anzusehen.

Ähnliches gilt auch für die Bildungs- und Qualifikationsprofile der unselbständig Beschäftigten. Die Aufwendungen einer Gesellschaft für ihr Schulsystem sind relativ unabhängig von kurzfristigen Ertragskalkülen, beeinflussen aber den Nutzungsgrad des im Unternehmenssektor akkumulierten Know-hows; je qualifizierter das Arbeitskräfteangebot, desto ertragreicher die Nutzung von Innovationspotentialen.

Die Berücksichtigung solcher "exogener" Innovationsdeterminanten hat sich in Tandem-S bewährt; allerdings zeigt sich, daß zwar die Geschwindigkeit, nicht aber die Richtung des endogenen Funktionszusammenhangs durch solche exogenen Determinanten bestimmt ist.

2.2 Zwei Versionen von Tandem-S

Tandem-S besteht in seiner Grundstruktur aus drei Wirkungsfeldern, die mittels geeigneter Schnittstellen zu einem Simulationsmodell verbunden werden. Die Wirkungsfelder betreffen: die Innovationsaktivitäten (Modul 1), die Produktionstechnik (Modul 2) und die gesamtwirtschaftlichen Wirkungszusammenhänge (Modul 3). Die Schnittstellen bilden Funktionsbeziehungen zwischen den zentralen Variablen der einzelnen Module.

Bei der Modellierung des zentralen Wirkungszusammenhangs zwischen Investitionen, Innovationen und Produktivität wurden zwei Versionen von Tandem-S erstellt. Sie unterscheiden sich hinsichtlich der Spezifikation einzelner Gleichungen, den verwendeten Datenbasen und der Anzahl der betrachteten Wirtschaftssektoren.

Tandem-S1: Innovationsdynamik des Verarbeitenden Gewerbes

Tandem-S1 eignet sich für die Untersuchung der Innovationsdynamik im Verarbeitenden Gewerbe. Die wichtigsten Funktionsbeziehungen der Modellversion Tandem-S1 sind in dem Blockdiagramm erkennbar (Abbildung 2.1): Die Investitionen bilden (unmittelbar und verzögert) die zentrale Bestimmungsgröße der betrieblichen Innovationen. Die Innovationsaufwendungen wiederum bauen (zusammen mit dem "autonomen technischen Fortschritt") das akkumulierte technische Wissen auf, das ceteris paribus für die Produktivitätsfortschritte verantwortlich ist.

Die branchenspezifischen Veränderungen der Produktionstechnik führen zur Veränderung der gesamtwirtschaftlichen Arbeitsproduktivität, die wiederum (mit Verzögerungen) makroökonomische Anpassungsprozesse zur Folge hat. (Die Anpassungsvorgänge bei den aggregierten makroökonomischen Variablen wie Investitionen, Volkseinkommen, Beschäftigung, Arbeitslosigkeit und Außenbeitrag werden explizit formuliert.) Der zentrale Funktionskreis schließt sich über die (verzögerte) Rückkoppelung von der Produktivitätsentwicklung zu den Investitionen. Den Investitionen kommt somit eine strategische Rolle im Simulationsmodell zu.

Die Einzelgleichungen sind für 30 Sektoren des Verarbeitenden Gewerbes empirisch geschätzt. Dabei werden als Innovationsindikatoren Daten des Ifo-Instituts, München, verwendet, die in ihrer Definition weiter gefaßt sind als die Daten für Forschung und Entwicklung in der Definition des Stifterverbandes.

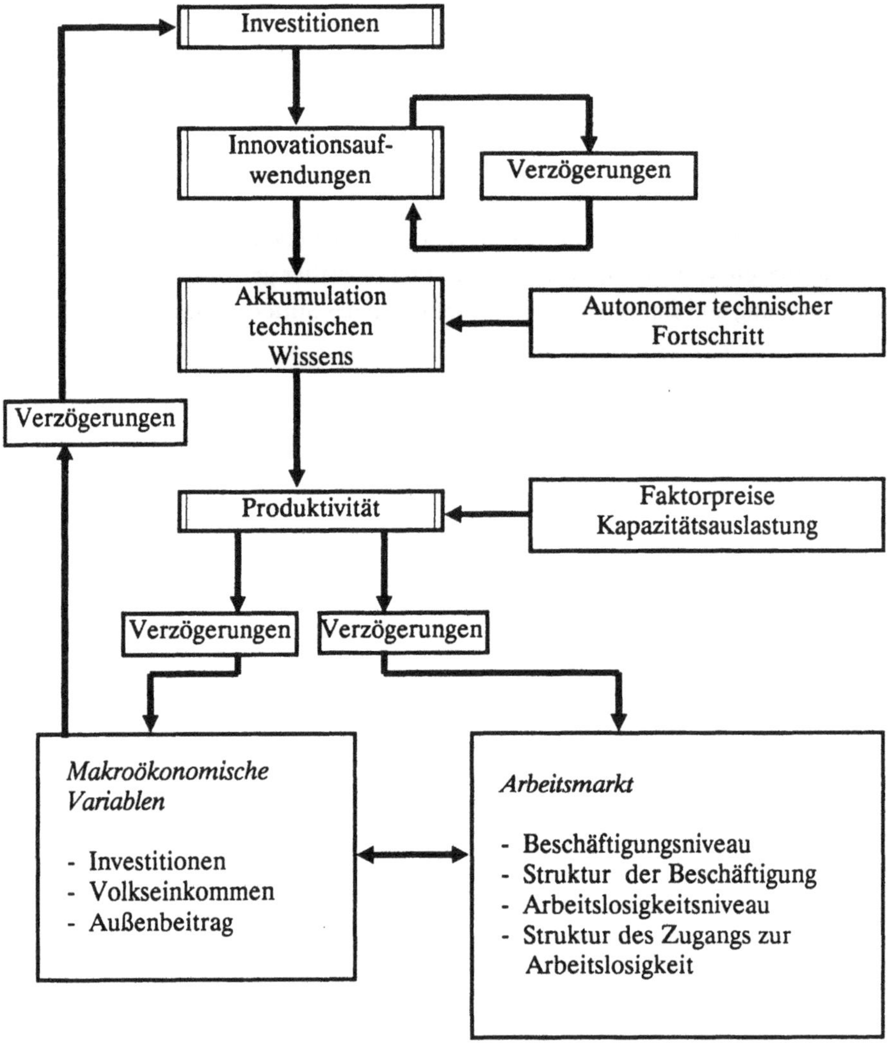

Abbildung 2.1: Tandem-S1

Tabelle 2.1: Die Gleichungssysteme von Tandem-S1

Innovationsfunktion

(2.1) $g(N_{S,t}) = a_{S,1}.g(N_{S,t-1}) + a_{S,2}.g(I_{S,t})$

Technisches Wissen

(2.2) $g(T_{S,t}) = N_{S,t} / T_{S,t-1} - ob + ta$

Produktivitätsfunktion

(2.3) $g(P_{S,t}) = a_{S,3}.g(T_{S,t})$

Investitionsfunktion

(2.4) $g(I_t) = a_4.g(P_t) + ... + a_7.g(P_{t-3})$

Notation:

g(.) ..... Veränderungsrate einer Variable
t .... Periodenindex
S .... Index des Wirtschaftssektors (Variablen ohne Sektorindex sind aggregierte Größen)
I .... Investitionen
N .... Innovationsindikator
T .... Bestand des technischen Wissens
ob .... Obsoleszenzrate des technischen Wissens
ta .... Rate des autonomen technischen Fortschritts
P .... Arbeitsproduktivität
$a_{S,i}$ ...... sektorale Elastizitäten
a_i .... aggregierte Elastizitäten

Tandem-S2: Akkumulation und Absorption des technischen Wissens

Die Modellspezifikation von Tandem-S2 ist komplexer als die von Tandem-S1 und konzipiert die Produktion und Diffusion des technischen Fortschritts in neuer Form. Die Sektoren Maschinenbau (Sektor 19 der Klassifikation, siehe Tabelle 2.3), Straßenfahrzeugbau (Sektor 21) und Elektrotechnik (Sektor 24) sind die zentralen "Träger" der Akkumulation von technischem Wissen. (Sie tätigen zusammen rund die Hälfte der gesamten F&E-Aufwendungen der Bundesrepublik.) Die Diffusion des technischen Wissens erfolgt über Investitionen: Alle Wirtschaftssektoren absorbieren (mit sektorspezifischer Gewichtung) Know-how über Kapitalgüter, die aus den akkumulierenden Sektoren "importiert" werden. Die sektorspezifischen Gewichtungen sind durch die sektoralen Investitionen (relativ zum Bruttoproduktionswert) gegeben.

Das entsprechende Blockdiagramm (Abbildung 2.2) verdeutlicht die Modellierung des zentralen Funktionskreises in Tandem-S2. Die Investitionen sind wiederum die zentrale Determinante der Innovationsbemühungen, die in Tandem-S2 durch die F&E-Aufwendungen in der Definition des Stifterverbandes erfaßt werden. Die F&E-Aufwendungen bestimmen ihrerseits die Akkumulation des technischen Wissens in einem Sektor. Der absorbierte technische Fortschritt wiederum bestimmt die Veränderungen der Arbeitsproduktivität in jedem Sektor. Die makroökonomischen Effekte, die Veränderungen auf dem Arbeitsmarkt und die Rückkoppelung zu den sektoralen Investitionen sind ähnlich modelliert wie in Tandem-S1.

Die Modell-Version Tandem-S2 beruht auf Schätzungen für alle Wirtschaftssektoren mit Ausnahme des "Staates", der "Wohnungsvermietung" und der "privaten Haushalte und privaten Organisationen ohne Erwerbszweck" (insgesamt 48 Sektoren). Neben dem Verarbeitenden Gewerbe werden demnach auch die Sektoren Land- und Forstwirtschaft, Energie und Bergbau, Baugewerbe, Handel, Verkehr und Dienstleistungen erfaßt. Als Innovationsindikator dienen die Daten zu den Forschungs- und Entwicklungsaufwendungen des Stifterverbandes in der Bearbeitung des DIW-Berlin, die enger definiert sind als die Ifo-Innovationsaufwendungen.

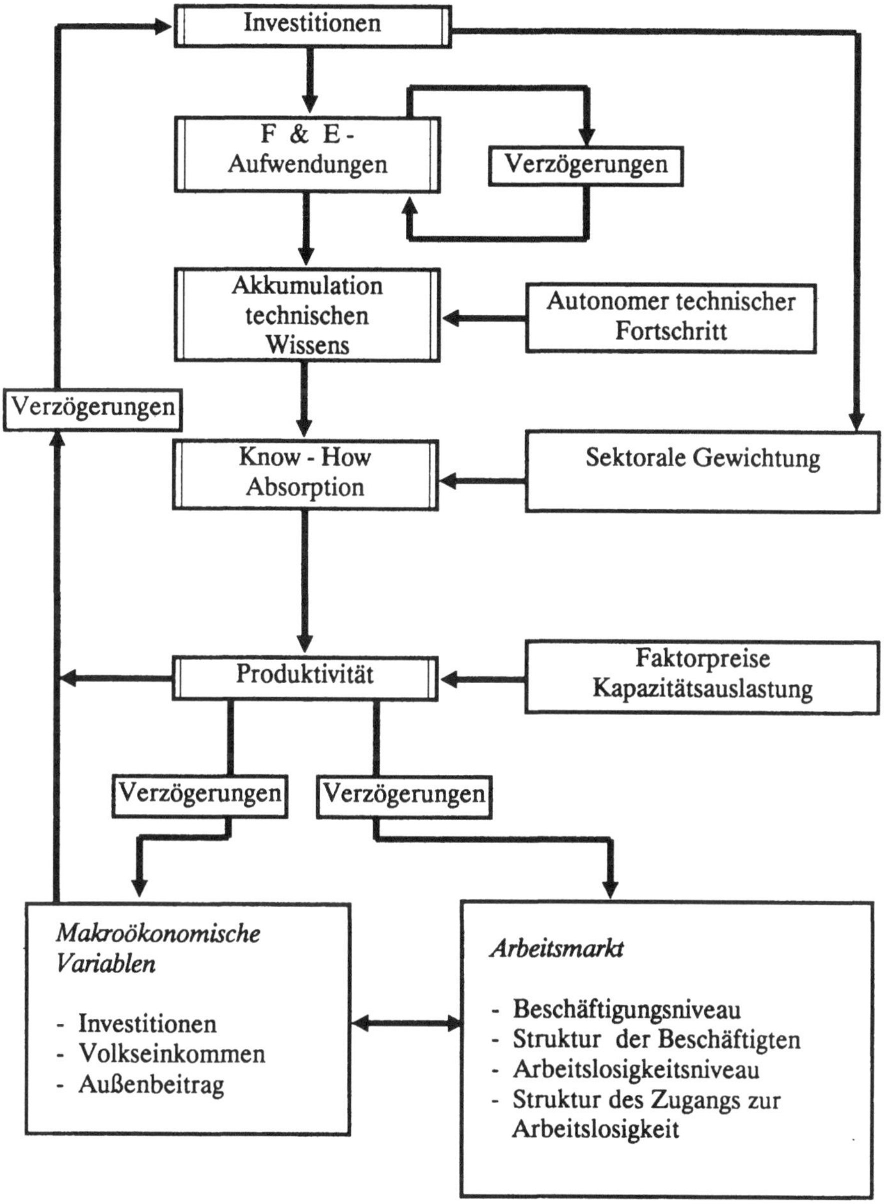

Abbildung 2.2: Tandem-S2

Tabelle 2.2: Die Gleichungssysteme von Tandem-S2

Innovationsfunktion

(9.5) $g(N_{S,t}) = b_{S,1}.g(N_{S,t-1}) + b_{S,2}.g(I_{S,t})$

Technisches Wissen: Akkumulationsfunktion

(9.6) $g(T_{S,t}) = N_{S,t} / T_{S,t-1} - ob + ta$

Technisches Wissen: Absorptionsfunktion

(9.7) $HW_{j,t} = I_{j,t}/B_{j,t} .\Sigma_s c_{jS}.(T_{S,t} / B_{S,t})$

Produktivitätsfunktion

(9.8) $g(P_{S,t}) = b_{S,3}.g(HW_{S,t})$

Investitionsfunktion

(9.9) $g(I_t) = b_4.g(P_t) + ... + b_7.g(P_{t-3})$

Notation:

$g(.)$ ...... Veränderungsrate einer Variable
t .... Periodenindex
S .... Index des Wirtschaftssektors (Variablen ohne Sektorindex sind aggregierte Größen)
N .... Innovationsindikator
ob .... Obsoleszenzrate des technischen Wissens
ta .... Rate des autonomen technischen Fortschritts
$HW_{j,t}$ ... absorbiertes technisches Wissen in Sektor j
$I_{i,t}$ .... Investitionen des Sektors j
$B_{j,t}$ ...... Bruttoproduktionswert des Sektors j
$T_{S,t}$ ..... akkumuliertes technisches Wissen in Sektor S
c_{jS} ...... Anteil der Investitionen, die der Sektor j vom Sektor S bezieht

Tabelle 2.3: Sektorengliederung von Tandem-S1 und Tandem-S2

Wirtschaftssektoren		Tandem-S1	Tandem-S2
1	Land- und Forstwirtschaft, Fischerei		x
Energie, Bergbau			
2	Elektrizitäts- und Fernwärmeversorgung		x
3	Gasversorgung		x
4	Wasserversorgung		x
5	Kohlenbergbau, Kokerei		x
6	Übriger Bergbau		x
Chemie			
7	Chemische Industrie und Herstellung und Verarbeitung von Spalt- und Brutstoffen	x	x
8	Mineralölverarbeitung	x	x
9	Herstellung von Kunststoffwaren	x	x
10	Gummiverarbeitung	x	x
11	Gewinnung und Verarbeitung von Steinen und Erden	x	x
12	Feinkeramik	x	x
13	Herstellung und Verarbeitung von Glas	x	x
Eisen/NE			
14	Eisenschaffende Industrie	x	x
15	NE-Metallerzeugung, -halbzeugwerke	x	x
16	Gießereien	x	x
17	Ziehereien, Kaltwalzwerke, Stahlverformung	x	x
18	Stahlbau	x	x
Stahl-, Maschinen-, Fahrzeugbau			
19	Maschinenbau	x	x
20	Herstellung von Büromaschinen	x	x
21	Straßenfahrzeugbau	x	x
22	Schiffbau	x	x
23	Luft- und Raumfahrzeugbau	x	x
Elektro/EBM			
24	Elektrotechnik	x	x
25	Feinmechanik, Optik, Herstellung von Uhren	x	x
26	Herstellung von EBM-Waren	x	x
27	Herstellung von Musikinstrumenten, Spielwaren, Füllhaltern	x	x

Tabelle 2.3 (Fortsetzung): Sektorengliederung von Tandem-S1 und Tandem-S2

Wirtschaftssektor		Tandem-S1	Tandem-S2
Holz/Textil			
28	Holzbearbeitung	x	x
29	Holzverarbeitung	x	x
30	Zellstoff- und Papiererzeugung	x	x
31	Papier- und Pappeverarbeitung	x	x
32	Druckerei- und Vervielfältigung	x	x
33	Textilgewerbe	x	x
34	Ledergewerbe	x	x
35	Bekleidungsgewerbe	x	x
Nahrung			
36	Ernährungsgewerbe und Getränkeherstellung	x	x
37	Tabakverarbeitung		x
Baugewerbe			
38	Bauhauptgewerbe		x
39	Ausbaugewerbe		x
Handel			
40	Großhandel, Handelsvermittlung		x
41	Einzelhandel		x
Verkehr			
42	Eisenbahnen		x
43	Schiffahrt, Wasserstraßen, Häfen		x
44	Straßenverkehr, einschl. restl. Verkehr		x
45	Nachrichtenübermittlung (Bundespost)		x
Dienstleistungen			
46	Kreditinstitute		x
47	Versicherungsunternehmungen		x
48	Wohnungsvermietung		
49	Sonstige Dienstleistungen		x
50	Staat		
51	Private Haushalte und private Organisationen ohne Erwerbszweck		

2.3 Innovationen und Investitionen

Die Endogenisierung der Innovationsdynamik ist ein zentrales Anliegen von Tandem-S. Diesem Ziel dient die "Innovationsfunktion", in der die branchenspezifischen Innovationsaktivitäten in Abhängigkeit von der vergangenen Innovationsdynamik und dem Investitionsverhalten des betrachteten Wirtschaftssektors gesetzt werden. Durch die Interpretation der Investitionen als "Proxi"-Variable für die auf Innovationsaktivitäten bezogenen Ertrags- und Kostengrößen (These 1) zählen neben technischen und organisatorischen Einflüssen (autoregressive Komponente) die Marktentwicklung und die Entwicklung der relativen Preise zu den entscheidenden Determinanten des Innovationsverhalten von Unternehmen.

Die genaue Spezifikation der Innovationsfunktion von Tandem-S lautet:

$$(3.1)\quad g(N_{S,t}) = a_{S,1} \cdot g(N_{S,t-1}) + a_{S,2} \cdot g(I_{S,t}),$$

mit den Bezeichnungen:

$g(N_{S,t})$ ... Wachstumsrate der Innovationen des Sektors S in der Periode t;
$g(N_{S,t-1})$. Wachstumsrate der Innovat. des Sektors S in der (Vor-)Periode t-1;
$g(I_{S,t})$ ... Wachstumsrate der Investitionen des Sektors S in der Periode t.

Die Ausdrücke $a_{S,1}$ und $a_{S,2}$ bezeichnen die (sektoralen) Elastizitäten der Innovationen in bezug auf die (verzögerten) Innovationen und die laufenden Investitionen. Die formale Struktur der Innovationsfunktion ist für beide Modell-Versionen von Tandem-S identisch. Abweichungen ergeben sich jedoch bei ihrer Interpretation.

In der Modellversion Tandem-S1 bilden die zugrundegelegte Datenbasis für den Innovationsindikator die vom Ifo-Institut München im Rahmen des Innovationstests erhobenen Jahresdaten über die realen Innovationsaufwendungen in 30 Sektoren des Verarbeitenden Gewerbes der Bundesrepublik für die Jahre 1970 bis 1986 (Sektoren 7 - 37 in der Sektorengliederung, siehe Tabelle 2.3). Die Datenbasis von Tandem-S2 bilden die vom DIW adaptierten F&E-Daten des Stifterverbandes: die sektoralen realen Aufwendungen für Forschung und Entwicklung in der Bundesrepublik zwischen 1961 und 1983. In beiden Modellversionen wurden für die Investitionen die Jahresdaten zu den sektoralen realen Ausrüstungsinvestitionen der Unternehmen (ohne Wohnungsbauten) eingesetzt.

Die empirischen Schätzungen der Innovationsfunktion zeigen für den Großteil der Sektoren einen signifikanten positiven Zusammenhang zwischen Investitionen und Innovationen, wobei die Investitionselastizitäten der Innovationen ausgeprägte branchenspezifische Abweichungen aufweisen: die Schätzungen reichen von sehr niedrigen Werten bis zu Werten knapp über 1. Ähnliches gilt auch für die Elastizitäten der Innovationen bezüglich ihrer vergangenen Entwicklungsdynamik.

Die wichtigsten Schätzergebnisse sind in Tabelle 2.4 dargestellt. Die Investitionselastizitäten betragen in den Kernsektoren Maschinenbau 0,61, Straßenfahrzeugbau 0,47, Chemische Industrie 0,45 und Elektrotechnik 0,31 in der Version Tandem-S1 bzw. 0,16 (Maschinenbau), 0,24 (Straßenfahrzeugbau), 0,11 (Chemische Industrie) und 0,21 (Elektrotechnik) in der Modellversion Tandem-S2.

Die Sensitivität der Innovationen gegenüber der Innovationsdynamik der Vorperioden ist im allgemeinen größer als gegenüber den Veränderungen im Investitionsverhalten. Dieses Ergebnis weist darauf hin, daß technische und organisatorische Bedingungskonstellationen die Entwicklungsdynamik des Innovationsverhaltens in der Bundesrepublik kurzfristig stärker beeinflussen als Marktgegebenheiten und die Veränderungen der relativen Preise.

Tabelle 2.4: Elastizitäten der Innovationsfunktion

Tandem-S1
Elastizitäten der Innovationen zum Zeitpunkt t in bezug auf die

	Innovationen (t-1)	Investitionen
Chemische Industrie	0,59	0,45
	(2,70)	(1,84)
Maschinenbau	0,41	0,61
	(2,73)	(3,98)
Straßenfahrzeugbau	0,56	0,47
	(4,29)	(3,41)
Elektrotechnik	0,72	0,31
	(4,31)	(1,66)

Quelle: Eigene Berechnungen; t-Statistiken in Klammern.

Tandem-S2
Elastizitäten der Innovationen zum Zeitpunkt t in bezug auf die

	Innovationen (t-1)	Investitionen
Chemische Industrie	0,90	0,11
	(41,27)	(5,16)
Maschinenbau	0,83	0,16
	(28,2)	(5,90)
Straßenfahrzeugbau	0,75	0,24
	(11,74)	(4,14)
Elektrotechnik	0,80	0,21
	(17,27)	(4,45)

Quelle: Eigene Berechnungen; t-Statistiken in Klammern.

2.4 Akkumulation und Absorption des technischen Wissens

Tandem-S geht von folgender Konzeption aus: Das Niveau des verfügbaren technischen Wissens beeinflußt die von Unternehmen verwendete Produktionstechnik. Daher hängt die Arbeitsproduktivität eines Sektors nicht bloß von den laufenden Innovationsaufwendungen, sondern von dem gesamten, bereits akkumulierten Stand technischen Know-hows ab.

Diese Problemsicht beruht auf mehreren Überlegungen. Die empirisch festgestellten Innovationsaufwendungen stellen bloß einen Input in innovative Aktivitäten dar, dem keineswegs immer entsprechende Outputs an Prozeß- und Produktinnovationen folgen müssen. Als (jährliche) Stromgröße stellen sie eine Investition in die Produktion von technischem Wissen dar, dessen Bestand aber auch von einer Reihe weiterer Faktoren abhängt. Dazu gehören etwa die Erweiterung des technischen Wissens durch öffentliche und private Ausbildungssysteme oder durch den Informationsfluß zwischen Käufern und Verkäufern im normalen Geschäftsverlauf.

Das technische Wissen nimmt in Tandem-S die Funktion eines "Scharniers" zwischen den Innovationsaufwendungen und den Produktivitätsentwicklungen ein. Dieses Scharnier besteht aus den "Flügeln" der Akkumulation und der Absorption von technischem Wissen.

Diese konzeptuelle und begriffliche Differenzierung dient einerseits einer methodisch geleiteten Öffnung der "black box", indem der Forderung nach neuen Ansätzen zur Modellierung der Investitionen in innovative Aktivitäten und der Diffusion von technischem Know-how in der empirischen Innovationsforschung Rechnung getragen wird. Andererseits ermöglicht diese Unterscheidung auch den Einsatz alternativer Modellspezifikationen im Bereich des technischen Fortschritts unter Einbeziehung neuer Variablen.

Tandem-S1

Tandem-S1 beschränkt sich auf die Innovationsaufwendungen im Bereich des Verarbeitenden Gewerbes. Die grundlegende Idee ist hier, daß in jedem der 30 Sektoren technisches Wissen akkumuliert wird, das dann die Veränderungen der Produktionstechnik in diesem Sektor bestimmt.

Die genaue Spezifikation der "Technikfunktion" lautet:

(4.1) $T_{S,t} - T_{S,t-1} = N_{S,t} + (ta\text{-}ob).T_{S,t-1}$

bzw.

(4.2) $g(T_{S,t}) = N_{S,t} / T_{S,t-1} - ob + ta$,

mit den Bezeichnungen:

$T_{S,t}$ ..... Know-How-Bestand des Sektors S in der Periode t;
$N_{S,t}$ ..... Innovationsaufwendungen des Sektors S in der Periode t;
ta .... Rate des autonomen technischen Fortschritts;
ob ...... Obsoleszenzrate des technischen Wissens;
g(.) ..... Wachstumsrate einer Variablen.

Der Know-How-Bestand eines Sektors wird in den Gleichungen (4.1) und (4.2) durch drei Elemente bestimmt: durch die Innovationsaufwendungen, die "Abschreibungen" und durch einen autonomen Wachstumsfaktor. Die sektoralen Innovationsaufwendungen sind über die Innovationsfunktion endogen bestimmt, während der nichtinduzierte Teil des technischen Fortschritts mittels einer exogenen Wachstumsrate abgebildet wird. Die Obsoleszenzrate erfaßt jenen Teil des technischen Wissens, der im Zeitablauf durch neues Wissen verdrängt oder aus anderen Gründen obsolet geworden ist.

Nach Gleichung (4.1) ist die Veränderung des technischen Wissens in einer Periode eine Nettogröße, die sich aus der Differenz von "Bruttozuwächsen" (Innovationsaufwendungen und autonome Veränderungen) und "Abschreibungen" ergibt. Das so ermittelte Know-how-Niveau geht dann in die Produktivitätsfunktion ein.

Tandem-S2

Tandem-S2 modelliert die Produktion und Diffusion des technischen Fortschritts in komplexerer Form, indem zwischen der Akkumulation und der Absorption von technischem Wissen unterschieden wird:

- die Akkumulationsfunktion bestimmt, in welchem Ausmaß ein Sektor Know-how über moderne Technik aufbaut;
- die Absorptionsfunktion gibt an, in welchem Ausmaß ein Sektor von den anderen Branchen akkumulierten technischen Fortschritt absorbiert.

Die Spezifikation der Akkumulationsfunktion entspricht formal der Technikfunktion von Tandem-S1:

(4.3) $T_{S,t} - T_{S,t-1} = N_{S,t} + (ta-ob).T_{S,t-1}$

bzw.

(4.4) $g(T_{S,t}) = N_{S,t} / T_{S,t-1} - ob + ta$,

mit den Bezeichnungen:

$T_{S,t}$ ..... Know-How-Bestand des Sektors S in der Periode t;
$N_{S,t}$ ..... F&E-Aufwendungen des Sektors S in der Periode t;
ta .... Rate des autonomen technischen Fortschritts;
ob ...... Obsoleszenzrate des technischen Wissens;
g(.) ..... Wachstumsrate einer Variablen.

In der Absorptionsfunktion wird bestimmt, in welchem Ausmaß jeder der 48 untersuchten Wirtschaftssektoren Know-how von den 3 strategischen Sektoren (und von den restlichen Sektoren) "importiert". Dabei ist festzuhalten, daß in allen Sektoren auch technisches Wissen absorbiert wird, das in diesen selbst aufgebaut wird. Das absorbierte technische Wissen ist schließlich für die Veränderungen der Produktionstechnik verantwortlich.

Die Spezifikation der Absorptionsfunktion lautet:

(4.5) $HW_{j,t} = (I_{j,t} / B_{j,t}).(\Sigma_S c_{jS}.T_{S,t} / B_{S,t})$,

mit den Bezeichnungen:

$HW_{j,t}$ ... HW-Index des absorbierten technischen Wissens in Sektor j;
$I_{j,t}$ ...... Investitionen des Sektors j;
$B_{j,t}$ ..... Bruttoproduktionswert des Sektors j;
$B_{S,t}$ ..... Bruttoproduktionswert des Sektors S;
$T_{j,t}$ ..... Akkumuliertes technisches Wissen in Sektor S;
c_{jS} ...... Anteil der Investitionen, die der Sektor j vom Sektor S bezieht.

Die Ausdrücke $(I_{j,t}/Bj_{,t})$ und $(\Sigma_s c_{jS} T_{S,t}/B_{S,t})$ sind Indexwerte zur Basis 1970. Gleichung (4.5) besagt, daß für das absorbierte Know-how zwei Faktoren maßgebend sind: die Höhe der Investitionen und das Niveau an akkumuliertem Wissen. Je höher die Investitionen eines Sektors relativ zum Bruttoproduktionswert dieses Sektors, desto stärker die Aufnahme neuer Techniken; je größer das akkumulierte technische Wissen der Sektoren S (relativ zum Bruttoproduktionswert), aus denen der Sektor j Kapitalgüter bezieht, desto höher die Absorption neuer Techniken.

Die Bedeutung der Investitionen für den technischen Fortschritt wird in Tandem-S2 durch die Unterscheidung von Akkumulation und Absorption von technischem Wissen gegenüber Tandem-S1 deutlich verstärkt. Auf der einen Seite sind die Investitionen die primäre Erklärungsvariable der Innovationen in der Innovationsfunktion (3.1): diejenigen Variablen (relative Preise, Ertragserwartungen, technische Möglichkeiten), die die realen Ausrüstungsinvestitionen der strategischen Sektoren beeinflussen, bestimmen auch deren Innovationsaufwendungen. Diese determinieren in der Akkumulationsfunktion, unter Berücksichtigung der Obsoleszenz und des autonomen technischen Fortschritts, das Niveau des technischen Wissens. Auf der anderen Seite sind die Investitionen entscheidend für die Absorption: Das Ausmaß der Übertragung technischen Fortschrittes zu den einzelnen Sektoren ist abhängig vom Verhältnis der Investitionen zum Bruttoproduktionswert im absorbierenden Sektor. Der Index des absorbierten technischen Wissens ($HW_{j,t}$) reagiert also sowohl auf die Investitionsintensität als auch auf den Technologiegehalt der Investitionen im absorbierenden Sektor.

2.5 Auswirkungen auf die Produktivität

Die Steigerung der Ausbringungsmenge und damit die Verbesserung der Qualität der betrieblichen Leistungen gilt als eines der zentralen Motive unternehmerischer Innovationsanstrengungen. In diesem Sinn unterliegt auch der Erwerb von technisch/organisatorischem Wissen einem mikroökonomischen Gewinnkalkül: Innovationen werden im allgemeinen nur unternommen, wenn sie über die Verbesserung der betrieblichen Produktivität oder durch die Erschließung neuer Märkte zu Erträgen für das Unternehmen führen.

Die Modellierung der Produktivitätswirkungen neuer Techniken in Tandem-S beruht auf diesen Überlegungen. Das im Rahmen der betrieblichen Leistungserstellung eingesetzte technische und organisatorische Wissen ist - wie die Faktoren Arbeit und Kapital - eine wichtige Determinante der Ausbringungsmenge. Es ist jedoch nicht der laufende Zugang an neuen Kenntnissen über Produkte und Verfahren, der das Niveau der Produktion und damit bei gleichbleibendem Kapital- und Arbeitseinsatz die Faktorproduktivität bestimmt, sondern der über vergangene Perioden akkumulierte Wissensbestand.

Die "Produktivitätsfunktion" von Tandem-S lautet:

(5.1) $P_{S,t} = a_{S,3}.T_{S,t} + d_{S,1}.(U_{S,t} - W_{S,t}) + d_{S,2}.C_{S,t}$ für Tandem-S1

bzw.

(5.2) $P_{S,t} = b_{S,3}.HW_{S,t} + e_{S,1}.(U_{S,t} - W_{S,t}) + e_{S,2}.C_{S,t}$ für Tandem-S2,

mit den Bezeichnungen:

$P_{S,t}$ ...... Arbeitsproduktivität des Sektors S in der Periode t;
$T_{S,t}$ ..... Technisches Wissen (akkumulierte Innovationsaufwendungen);
$HW_{S,t}$ ... absorbiertes technisches Wissen (HW-Indikator);
$U_{S,t}$ ..... Kapitalkosten ("user costs" pro Stunde);
$W_{S,t}$ ..... Lohnkosten (pro Stunde);
$C_{S,t}$ ..... Kapazitätsauslastungsgrad;
$a_{S,3}, d_{S,1}, d_{S,2}, b_{S,3}, e_{S,1}, e_{S,2}$ ... Elastizitäten.

Die Unterschiede in der Spezifikation der Produktivitätsfunktion von Tandem-S1 und Tandem-S2 betreffen die Wahl des Innovationsindikators. Der Modellkonzeption von Tandem-S1 entsprechend werden als Indikator für die "produktiven Dienste" des eingesetzten "Know-Hows" die akkumulierten Innovationsaufwendungen benützt, wie sie in den vorhergehenden Abschnitten definiert wurden. In der Modellversion Tandem-S2 sind es demgegenüber nicht die akkumulierten Wissensbestände jedes Sektors, sondern die über Investitionen absorbierte Technologie, die als erklärende Größe der sektoralen Produktivitätsentwicklung dient. Die Verwendung des HW-Innovationsindikators in der Modellversion Tandem-S2 erlaubt es, die Produktivitätswirkungen neuer Techniken auch für jene Sektoren zu simulieren, die nicht dem Verarbeitenden Gewerbe zugezählt werden. Die relative Preisentwicklung der Faktoren Arbeit und Kapital ist in der Schätzgleichung enthalten, um den Einfluß von Kapital- und Arbeitsmärkten auf die Produktivitätsentwicklung zu kontrollieren.

Die für das Simulationsmodell Tandem-S gewonnenen Schätzergebnisse sind für ausgewählte Sektoren in der Tabelle 2.5 zusammengestellt. Sie zeigen durchwegs einen signifikanten positiven Zusammenhang zwischen dem Know-How-Bestand eines Sektors und seinem Arbeitsproduktivitätsniveau. In der Spezifikation Tandem-S1 ergeben sich für die strategischen Sektoren Chemische Industrie eine Produktivitätselastizität bezüglich der Technik von 0,32, im Maschinenbau 0,50, im Straßenfahrzeugbau 0,37 und in der Elektrotechnik 0,72. Ein gewichteter Durchschnitt der Elastizitäten liegt bei rund 0,40.

Die Schätzungen für Tandem-S2 enthalten auch Ergebnisse für den Dienstleistungsbereich: Auch hier wirkt der technische Fortschritt im überwiegenden Teil der Dienstleistungssektoren produktivitätssteigernd. Die entsprechenden Elastizitäten sind etwa beim Großhandel 0,33, im Sektor Nachrichtenübermittlung 0,26 und bei den sonstigen Dienstleistungen 0,33 - alle hochsignifikant. Insignifikant (zum 10%-Niveau) sind die Parameter für die Kreditinstitute und die Versicherungen.

Tabelle 2.5: Produktionsfunktion

Tandem-S1: Elastizitäten der Innovationen in bezug auf

	Technisches Wissen	Faktorpreise	Kapazitäts-auslastung
Chemische Industrie	0,32	-0,88	0,27
	(3,25)	(13,50)	(1,07)
Maschinenbau	0,50	-0,63	-0,24
	(4,64)	(-10,63)	(-0,91)
Straßenfahrzeugbau	0,37	-0,63	0,12
	(13,50)	(-20,23)	(1,85)
Elektrotechnik	0,72	-0,65	-0,68
	(7,03)	(-6,18)	(-3,35)

Quelle: Eigene Berechnungen; t-Statistiken in Klammern.

Tandem-S2: Elastizitäten der Innovationen in bezug auf

	Technisches Wissen	Faktorpreise	Kapazitäts-auslastung
Chemische Industrie	0,15	-0,89	0,79
	(1,62)	(1,04)	(4,07)
Maschinenbau	0,25	-0,44	-0,45
	(3,16)	(-4,70)	(-2,76)
Straßenfahrzeugbau	0,22	-0,52	0,57
	(4,14)	(-6,06)	(5,26)
Elektrotechnik	0,53	-0,68	-0,15
	(4,74)	(-4,68)	(-0,68)
Bekleidungsgewerbe	0,24	-0,66	0,37
	(1,34)	(-3,69)	(1,01)
Großhandel	0,33	-0,49	0,18
	(4,33)	(-7,55)	(1,16)
Bundespost	0,26	-1,12	0,33
	(3,56)	(-10,29)	(2,20)
Kreditinstitute	0,04	-0,58	0,90
	(1,40)	(-4,41)	(4,00)
Versicherungen	0,12	-0,82	0,77
	(1,40)	(-4,41)	(4,00)

Quelle: Eigene Berechnungen; t-Statistiken in Klammern.

2.6 Makroökonomische Anpassungsmuster

Für die Bundesrepublik Deutschland stehen mehrere erprobte makroökonometrische Modelle zur Verfügung, um jene Anpassungsprozesse zu studieren, die durch "angebotsseitige" Veränderungen der Arbeitsproduktivität ausgelöst werden. Die ausführlichste dieser Analysen hat das DIW vorgelegt, in der vielfältige Szenarien im Rahmen des DIW-Langfristmodells entwickelt sind (Jürgen Blazejczak 1989). Die dabei gewonnenen Einsichten lassen sich für die Zwecke eines Simulationsmodells wie Tandem-S in Form von einigen wenigen Parametern verdeutlichen.

Diese Parameter beschreiben die dynamische Struktur des Anpassungsverhaltens des DIW-Langfristmodells bei einer Erhöhung der Stundenproduktivität. Dies erlaubt es, das Funktionsgefüge der makroökonomischen Struktur der Bundesrepublik Deutschland als eine Art Black-Box zu beschreiben, in der Variationen der Arbeitsproduktivität zu Veränderungen spezifischer makroökonomischer Variablen führen; dies betrifft im Rahmen von Tandem-S das Sozialprodukt, die Beschäftigung, die Arbeitslosigkeit, die Exporte und Importe und die Investitionen.

Die sich aus dem DIW-Langfristmodell ergebenden Multiplikatoren der reduzierten Form sind in Tabelle 2.6 dargestellt. Dabei fällt auf, daß selbst noch nach vier Perioden von angebotsseitigen Produktivitätsschocks spürbare Effekte ausgehen. Unabhängig von den Besonderheiten ihrer dynamischen Spezifikation entsprechen die Multiplikatoren den zu erwartenden Wirkungen einer angebotsseitigen Steigerung der Arbeitsproduktivität: Die Investitionsaktivitäten werden stimuliert; die Nominallöhne wachsen stärker als die Verbraucherpreise, wodurch es zu Realeinkommenssteigerungen kommt; die Terms of Trade verbessern sich, wodurch die virtuellen Exportzuwächse nur in beschränktem Umfang realisiert werden können; der Außenbeitrag der Bundesrepublik Deutschland schrumpft. Was den Arbeitsmarkt betrifft, so reichen die zusätzlichen Wachstumsimpulse nicht aus, die fallende Nachfrage nach Arbeitsstunden voll zu kompensieren: die Arbeitslosigkeit steigt.

Das Ausmaß der zunehmenden Arbeitslosigkeit ist indes keine Konstante. Je besser es gelingt, die Innovationsanstrengungen im internationalen Wettbewerb umzusetzen, desto stärker sind die Wachstumsimpulse, von denen die Zunahme der Stundenproduktivität begleitet wird. Um diesen Effekt einzufangen, hat das DIW ein zweites Set an Multiplikatoren erstellt, die sich als reduzierte Form "unter verbesserten Außenhandelsbedingungen" interpretieren lassen.

Auf diese Weise stehen zwei Simulationsvarianten für Tandem-S zur Verfügung. Die Variante DIW-Standard beruht auf den Multiplikatoren, wie sie sich aus einer Simulation des Langfristmodells unter Bedingungen der jüngeren Vergangenheit ergeben; die Variante "Exportoffensive" geht von Marktanteilsgewinnen aufgrund erhöhter Innovationsanstrengungen aus. Die Unterschiede in den Multiplikatoren (Tabelle 2.6) mögen auf den ersten Blick gering erscheinen; auf längere Sicht werden die Differenzen jedoch deutlich spürbar.

Für den zentralen Funktionskreis von Tandem-S sind jene Multiplikatoren von besonderer Bedeutung, die den Zusammenhang zwischen Arbeitsproduktivität und Investitionen darstellen. Denn die Investitionen bilden die Schnittstelle zur Rückkoppelung in Richtung innovativer Aktivitäten. Dabei zeigt sich für die Bundesrepublik Deutschland ein monotoner positiver Zusammenhang zwischen Innovation-Arbeitsproduktivität-Investition-Innovation.

Tabelle 2.6: Makroökonomische Multiplikatoren

Standardvariante

Wirkung einer 10%-igen Erhöhung der Arbeitsproduktivität auf die gesamtwirtschaftlichen Größen in %

Variable	Wirkung zum Zeitpunkt			
	t_0	t_1	t_2	t_3
Sozialprodukt	0,8	1,4	1,2	0,8
Importe	2,3	3,2	2,5	1,6
Exporte	0,0	-0,1	-0,1	0,0
Investitionen	1,7	2,5	2,0	1,3
Beschäftigte	-6,7	-2,8	-0,8	-0,1
Arbeitslose	59,9	20,5	5,7	1,0

Exportvariante

Wirkung einer 10%-igen Erhöhung der Arbeitsproduktivität auf die gesamtwirtschaftlichen Größen in %

Variable	Wirkung zum Zeitpunkt			
	t_0	t_1	t_2	t_3
Sozialprodukt	2,9	1,7	1,2	0,7
Importe	7,5	3,4	2,2	1,2
Exporte	6,5	0,2	0,1	0,0
Investitionen	4,9	2,9	1,9	1,0
Beschäftigte	-5,1	-1,6	-0,4	0,0
Arbeitslose	30,1	11,8	2,5	0,3

Quelle: DIW-Langfristmodell; persönliche Mitteilung von Jürgen Blazejczak.

2.7 Ausgewählte Simulationen

Die Simulationen mit Tandem-S zeigen, wie sich Innovationen, Arbeitsproduktivität, Sozialprodukt, Beschäftigung und Investitionen entwickeln, wenn der (in Tandem-S dargestellte) geschlossene Funktionskreis über längere Zeiträume hinweg ungestört arbeiten kann. "Ungestört" bedeutet in diesem Zusammenhang, daß Veränderungen, die außerhalb des Funktionskreises auftreten, vorläufig unbeachtet bleiben. Solche Szenarien stellen wertvolle Gedankenexperimente dar, um die Funktionslogik interdependenter Systeme zu analysieren; sie bieten keinen Ansatz zu Projektionen oder Prognosen für zu erwartende wirtschaftliche Entwicklungen. Die Gegenüberstellung von Simulationsresultaten eröffnet jedoch Einsichten in die "innere" Innovationsdynamik der Bundesrepublik Deutschland unter den durch die Modellspezifikation getroffenen Annahmen.

Als Simulationsperiode wird einheitlich der Zeitraum 1970 bis 1986 für Standardsimulationen und 1970 bis 1988 für problemorientierte Simulationen gewählt. Die Wahl des Basisjahres hat keinen Einfluß auf die langfristigen Veränderungsraten. Deshalb wird auf Simulationen für andere Zeiträume verzichtet.

Standardszenario und problemorientierte Varianten

Das Standardszenario von Tandem-S1 ergibt folgendes Bild: Die Innovationsaufwendungen wachsen mit 1,6% pro Jahr. Dies regt ein durchschnittliches Innovationswachstum von 0,7% an. Die damit verbundene Zunahme des Know-How-Bestandes von rund 4,8% p.a. bewirkt eine Zunahme der Arbeitsproduktivität von rund 1%.

Die Erhöhung der Stundenproduktivität wird im Tandem-Funktionskreis durch die zusätzlichen Wachstumsimpulse nicht vollständig kompensiert; die Zahl der Erwerbstätigen fällt um rund 1% pro Jahr. Dies bewirkt über den Simulationszeitraum 1970-1986 eine Zunahme der Arbeitslosenzahlen um rund 8,1%. In diesem Funktionskreis ist die Aneignung neuer Technologien für einen Anstieg der Arbeitslosenquote um 1,7% (in einem Zeitraum von 17 Jahren) verantwortlich.

Im Kontrast zum Standardszenario geht die Variante "Exportoffensive" davon aus, daß eine zentrale Kompensationsstrategie zur Abwehr von Arbeitslosigkeit in der erfolgreichen Umsetzung der Innovationsanstrengungen im internationalen Qualititätswettbewerb besteht. Gelingt dies (in einem mit jüngeren Erfahrungen kompatiblen Ausmaß), dann kann die produktivitätsbedingte Zunahme der Arbeitslosigkeit auf fast die Hälfte reduziert werden. Dies erfordert, daß die Exporte um rund 8 Promillepunkte pro Jahr rascher wachsen als in der Standardsimulation. Unter diesen Umständen nimmt die Zahl der Arbeitslosen um 241.000 (statt um 445.000) zu; die Arbeitslosenquote steigt um 1,1 (statt 2,1) Prozentpunkte.

Ökonometrische Untersuchungen (DIW 1988) lassen diese "exportoffensive" Variante von Tandem-S als sogar empirisch plausibler erscheinen als die Standardsimulation, die als Referenzpfad für die verschiedenen Szenarien dient. Das Szenario einer technologieorientierten Exportoffensive besitzt mehrere, positiv ansprechende Merkmale: Zusätzlich zur Verringerung der Arbeitslosigkeit bewirken die Erfolge im internationalen Qualitätswettbewerb erhöhtes gesamtwirtschaftliches Wachstum, verstärkte Investitionstätigkeit und raschere Produktivitätssteigerungen.

Ein Kontrastszenario zur "Exportoffensive" bieten die Folgen "unterlassener Innovationen". Im Rahmen dieses Szenarios wird diese Strategie durch zwei Eingriffe operationalisiert: erstens wird die "autonome" Anreicherung des innovativen Know-how-Bestandes von 5% auf 2,5% p.a. herabgesetzt (dadurch erfährt der Innovationskapitalstock eine Nettoabschreibungsrate von 2,5% p.a.); zweitens wird die Elastizität der laufenden Innovationen in bezug auf die Investitionen (und die Innovationen der Vorperiode) auf die Hälfte reduziert.

Was die Arbeitslosigkeit betrifft, so erweist sich eine derartige defensive Strategie als erfolgreich; der Tandem-Funktionskreis hebt die Arbeitslosenquote unter solchen Rahmenbedingungen nur um 0,6 Prozentpunkte an. Allerdings hätten die Erwerbstätigen einen hohen Preis für eine solche Strategie zu bezahlen: Das Sozialproduktwachstum wird gegenüber der Standardsimulation nahezu halbiert; das gleiche gilt für die Investitionen und die Stundenproduktivität. Der Umschichtungsprozeß zugunsten besser qualifizierter (und höher entlohnter) Beschäftigungsverhältnisse im Verarbeitenden Gewerbe kommt zum Stillstand.

Tabelle 2.7: Standardszenario und problemorientierte Szenarien

Durchschnittliche Wachstumsraten in %

Variable	Standard-szenario	Export-offensive	Unterlassene Innovationen
Sozialprodukt	0,4	0,6	0,2
Exporte	0,0	0,7	0,0
Importe	0,9	1,4	0,5
Investitionen	0,7	1,0	0,4
Innovationen	1,4	1,7	0,1
Technisches Wissen	4,9	4,9	2,7
Arbeitsproduktivität	1,0	1,0	0,5
Erwerbstätige	-1,1	-0,7	-0,5
Arbeitslose	8,1	5,2	4,0
Arbeitslosenquote*	1,7	1,0	0,7

*Differenz zum Basisjahr in Prozentpunkten

Quelle: Eigene Berechnungen

Annahmen zu den Szenarien:

a) *Standardszenario.* Die Ergebnisse des Standardszenarios beruhen auf empirisch geschätzten Koeffizienten der Gleichungen des Simulationsmodells. Lediglich für die beiden exogenen Parameter "autonomer technischer Fortschritt" und "Obsoleszenzrate" mußten Annahmen getroffen werden. Im Standardszenario wird für beide Parameter ein Wert von 5% unterstellt, so daß sich die Wirkungen der beiden Parameter gerade ausgleichen.

b) *Exportoffensive.* Das Szenario Exportoffensive unterscheidet sich vom Standardszenario in den makroökonomischen Anpassungsmustern, die durch Simulationen mit dem DIW-Langfristmodell gewonnen wurden. Die Berechnung der makroökonomischen Multiplikatoren für das Exportszenario erfolgte unter der Annahme, daß es der BRD gelingt, ihre Exporte im Simulationsjahr um rund 1% auszuweiten.

c) *Unterlassene Innovationen.* Im Szenario Unterlassene Innovationen wurde die Obsoleszenrate von 5% auf 12% hinaufgesetzt; zusätzlich wurde der Wirkungszusammenhang zwischen Investitionen und Innovationen um 50% reduziert.

Tabelle 2.8: Kontrastwirkungen

Wirkungszusammenhänge in Tandem-S1

Abhängige Variable (Wachstumsraten oder Quoten)	Verbesserte Position im internationalen Wettbewerb	Beschleunigte Obsoleszenz technischen Wissens	Verstärkte Rationalisierungs-anstrengungen
Sozialprodukt	+	-	-
Exporte	+	(+)	(+)
Importe	+	-	+
Investitionen	+	-	+
Innovationen	(-)	(-)	(+)
Arbeitsproduktivität	-	-	+
Erwerbstätige	+	+	-
Arbeitslose	-	-	+
Arbeitslosenquote	-	-	+

Interaktionszusammenhänge in Tandem-S1

Abhängige Variable (Wachstumsraten oder Quoten)	von Wettbewerb und Obsoleszenz	von Obsoleszenz und Ratio-nalisierung	von Rationalisierung und Wettbewerb
Sozialprodukt	(-)	(-)	+
Exporte	(-)	(-)	+
Importe	(-)	(-)	+
Investitionen	(-)	(-)	+
Innovationen	(+)	(-)	(+)
Arbeitsproduktivität	(+)	(-)	(-)
Erwerbstätige	-	(+)	+
Arbeitslose	+	(-)	-
Arbeitslosenquote	+	(-)	-

Reduzierte Form

Die skizzierten Simulationen verdeutlichen die Dynamik des Funktionskreises "Innovation-Technik (Arbeitsproduktivität)-Wachstum" für die Bundesrepublik Deutschland.

Die Ergebnisse lassen sich auch anhand einer reduzierten Form von Tandem rekonstruieren. Tabelle 2.7 gibt einen Überblick über die Richtung des Einflusses, den bestimmte Parameter auf den Zeitpfad spezifischer Variablen ausüben (wobei die Standardvariante als Referenzpfad dient). Dabei ergeben sich folgende Zusammenhänge:

- Werden die Innovationsanstrengungen offensiv im Export umgesetzt, dann steigen das Sozialprodukt, Exporte, Importe und die Zahl der Erwerbstätigen; die Arbeitsproduktivität, die Arbeitslosenzahl und die Arbeitslosenquote sinken.
- Versuchen die Unternehmen, ihre Innovationsanstrengungen vor allem für eine beschleunigte Rationalisierung einzusetzen, dann beschleunigt sich das Wachstum des Sozialproduktes, der Investitionen, der Importe und der Stundenproduktivität; der Umfang der Erwerbstätigen schrumpft, die Arbeitslosenzahlen und die Arbeitslosenquote steigen; Qualifikationsstruktur und Arbeitslosigkeitsrisiko verändern sich kaum gegenüber der Standardsimulation.
- Kommt es zu einer beschleunigten Obsoleszenz des innovatorischen Know-hows in der Bundesrepublik Deutschland (etwa aufgrund erhöhter Anstrengungen der USA oder Japans), dann verlangsamt sich das Wachstum des Sozialprodukts, der Investitionen, der Arbeitsproduktivität, der Importe und der Exporte; die Beschäftigungssituation erholt sich, Arbeitslosenzahl und Arbeitslosenquote gehen zurück.

3. Interdependente Modellansätze

Die im folgenden Abschnitt dargestellten Modelle versuchen die unternehmerischen Innovationsaktivitäten in ihrer gesamtwirtschaftlichen Wirkung und Bedingtheit zu beschreiben. Investitionen in technischen Fortschritt sind in diesem Ansatz ebensosehr Element eines dynamischen, makroökonomischen Modells wie der Bestand an technischem Wissen und die Arbeitsproduktivität der Volkswirtschaft. Wie alle anderen endogenen Variablen des Modells werden sie simultan bestimmt und entziehen sich dadurch der einfachen kausalen Interpretation, durch die partialanalytische Betrachtungen gekennzeichnet sind. Mag dies zunächst als didaktischer Nachteil erscheinen - die Interpretation größerer dynamischer Modelle ist oft schwierig -, so wird andererseits erst mittels der damit durchgeführten Simulationsexperimente die Tragweite der Änderungen einzelner Politikparameter sichtbar. Letztlich läßt sich wohl nur dadurch ein auch quantitativ abschätzbarer Eindruck von der Vernetztheit der unternehmerischen Innovationsentscheidung gewinnen.

Im folgenden Kapitel 3.1 wird zunächst ein Basismodell entwickelt, das die uns wesentlich scheinenden Zusammenhänge in möglichst einfacher Form wiedergibt. Nachdem die zugrunde gelegten ökonomischen Hypothesen erläutert wurden, kann das mathematische Modell auf seine analytischen Eigenschaften hin untersucht werden. Im Mittelpunkt steht dabei die Frage nach der Stabilität des Modells. Es zeigt sich, daß die Stabilität des Basismodells nicht allgemein, das heißt ohne Kenntnis der konkreten Parameterwerte, gewährleistet werden kann. Die postulierten Zusammenhänge werden daher in der Folge sowohl für die Bundesrepublik Deutschland als auch für Österreich geschätzt, womit die Stabilitätsfrage geklärt werden kann.

Die geschätzten Simulationsmodelle dienen jedoch nicht nur zur Beantwortung analytischer Fragen, sondern werden auch zur Simulation unterschiedlicher Typen von Wirtschaftspolitik, genauer von Technologiepolitik, verwendet. Die Ergebnisse für die Bundesrepublik Deutschland und Österreich werden einander gegenübergestellt, und einige grundsätzliche Charakteristika der beiden Länder werden herausgearbeitet.

Das Basismodell weist notgedrungen eine stark vereinfachte Struktur auf, die in vielerlei Hinsicht genauer zu formulieren wäre, wollte man mehr als einen ersten, groben Eindruck von der Modelldynamik gewinnen. Es wurde mit Absicht so gestaltet, daß ein solcher Ausbau in sehr viele, verschiedene Richtungen relativ problemlos möglich ist - gedacht ist an einen "Baukasten" einfach integrierbarer Module, die entsprechend spezieller Fragestellungen über das Basismodell zusammengeschlossen werden können.

Der wichtigste Ausbauschritt betrifft unserem Ermessen nach den Übergang zur offenen Wirtschaft mit internationalen Finanzmärkten. In Kapitel 3.2 wird eine dahingehende Erweiterung des Basismodells vorgestellt. Auch für diese Erweiterung wird ein ökonometrisches Modell der Bundesrepublik Deutschland geschätzt. Die den anschließend durchgeführten Simulationsexperimenten zugrundegelegte Fragestellung bezieht sich insbesondere auf das Zusammenspiel von Fiskalpolitik und Technologiepolitik.

3.1 Basismodell

Das Modell Tandem-T ist ein dynamisches makroökonomisches Modell mittlerer Größe. Die Grundidee seiner Formulierung war, die drei uns zentral scheinenden Komponenten einer geschlossenen Wirtschaft - ein Angebots-Nachfragesystem, ein Lohn-Preissystem, ein Modell für technischen Fortschritt - in einem einzigen, kompakten und dadurch leicht handhabbaren Modell zu vereinen. Das scheint zunächst kein sonderlich origineller Gedanke zu sein und es stellt sich die Frage, warum im ökonomischen Modellbau derartige Synthesebestrebungen bisher eine eher untergeordnete Rolle spielten. An der Wahl der drei Grundblöcke dürfte es nicht liegen, über ihre Bedeutung herrscht weitgehend Einhelligkeit. Eher dürfte der generelle, methodische Ansatz der modernen Wirtschaftswissenschaften für den disparaten Zustand, insbesondere der Makroökonomie, verantwortlich zu machen sein. So befinden sich die einzelnen Teile der ökonomischen Theorie in einem Prozeß der Purifizierung durch zunehmende Abstraktion, der sie inzwischen schon in einen Abstand zur Empirie gebracht hat und der es den meisten Praktikern unmöglich macht, die Sinnhaftigkeit der Theoriebildung zu beurteilen. Damit ist aber auch das einigende Band zwischen den einzelnen Theorieblöcken, das ja gerade durch die Tatsache entsteht, daß mit ihnen ein und dieselbe komplexe Realität erfaßt werden soll, zerissen worden. Es hilft in diesem Fall auch wenig, sich auf die Position zurückzuziehen, die betont, daß unterschiedliche Spezialdisziplinen eben verschiedene Aspekte desselben Phänomens beschreiben. Was den Praktiker, und gemeint ist in diesem Zusammenhang in erster Linie der Wirtschaftspolitiker, interessiert, ist ja eben das Zusammenspiel dieser Aspekte, die Gesamtschau. Eben diese kommt in der kontemporären Makroökonomie, sieht man von den hochstilisierten und in ihrer Abstraktheit dürren Konstrukten der allgemeinen Gleichgewichtsmodelle ab, kaum vor. Die im Basismodell zusammgefügten Blöcke werden üblicherweise einer jeweils stark spezialisierten Analyse unterzogen.

IS-LM-Modelle

Der erste dieser Blöcke stellt den Kern makroökonomischer Modellierung dar und ist durch das für Jahrzehnte maßgebliche keynesianische IS-LM-Modell gekennzeichnet. Ohne hier näher darauf eingehen zu können, sei darauf hingewiesen, daß dieses Modell seit seiner Formulierung durch Hicks (Hicks 1937) sicherlich das am nachhaltigsten wirkende theoretische Konstrukt zur Begründung staatlicher Wirtschaftspolitik war. Von Anfang an war dieses Modell jedoch auch theoretischer Kritik ausgesetzt, ja es könnte die Ansicht vertreten werden, daß die meisten neueren makroökonomischen Theorieansätze nur als Antwort auf das keynesianische Modell[1] verstanden werden können. Die grundlegende Idee, Marktgleichgewichte am Güter-, Geld- und Wertpapiermarkt durch gesamtwirtschaftliche Verhaltensfunktionen zu bestimmen, wurde jedoch vom Großteil der Kritik übernommen. Sie konstituiert auch heute noch das, was den Gegenstandsbereich Makroökonomie charakterisiert. Was beanstandet wurde, betrifft die einzelnen, hinter dieser allgemeinen Formulierung verborgenen Konzepte.

Schon der Gleichgewichtsbegriff selbst ist ein Konzept, das erst im Rahmen einer dynamischen Formulierung, die auch auf Ungleichgewichtssituationen und die dort herrschenden Kräfte eingeht, seine Bedeutung bekommt. Da das ursprüngliche IS-LM-Modell ein statisches Modell ist, bedeutet das eine entsprechende Erweiterung. Wird nun in einem weiteren Schritt berücksichtigt, daß nicht jede Tendenz zum Gleichgewicht sofort und in vollem Umfang realisierbar ist, so führt dies zu Modellen mit Mengenrationierung[2]. Dieser Gedanke ist bei Keynes selbst in erster Linie bezüglich des Arbeitsmarktes anzutreffen. Auch in Tandem-T werden Ungleichgewichte am Arbeitsmarkt zugelassen und in ihrer Rückwirkung auf die Gesamtwirtschaft explizit formuliert. In der erweiterten Formulierung von Tandem-M werden darüberhinaus ungleichgewichtige Formulierungen der Finanzmärkte eingeführt. Inwieweit die Analyse eines dynamischen Modells durch die Beschränkung auf gleichgewichtige Zustände einzelner Variablen, also durch Einschränkung der Betrachtung auf den Bereich, in dem die Ableitung dieser Variablen nach der Zeit gleich Null ist, eine zulässige Vereinfachung darstellt oder aber ob dadurch eben jene Eigenschaften des realen Phänomens ausgeblendet werden, die seine Dynamik wesentlich bestimmen, diese Entscheidung muß der Theoretiker Fall für Fall aufs Neue treffen und begründen.

Eine zweite, weitverbreitete Art von Kritik am IS-LM-Modell betrifft die Wahl der Märkte und der dort im Aggregat zusammengefaßten Agenten. Insbesondere die Einbeziehung des Arbeitsmarktes gab Anlaß zu Diskussionen, die in wesentlichen Punkten schon durch die Debatte zwischen Pigou und Keynes selbst vorgezeichnet waren[3]. Aber auch die Eliminierung des Wertpapiermarktes aufgrund des Walras'schen Gesetzes, wie im IS-LM-Modell üblich, wurde als unglücklich getroffene Wahl empfunden. Post-keynesianischen Kritikern scheint die Formalisierung der monetären Seite von Keynes' Theorie in Form der LM-Kurve überhaupt unzutreffend[4]. Sie insistieren auf Ansätzen, die sowohl gewisse institutionelle Gegebenheiten stärker berücksichtigen[5], als auch das Verhalten der Wirtschaftssubjekte so modellieren, daß bei ihren Entscheidungen Erwartungen bezüglich der Entwicklung monetärer Variablen eine wichtige Rolle spielen. Das steht im Gegensatz zur "Orthodoxie" der neo-klassischen Synthese à la IS-LM aber auch zur modernen "neuen klassischen Makroökonomie". Ziel ist dort ja gerade die Rückführung realer Phänomene auf ein Verhalten in einer Umgebung, in der der Markt die einzige Institution ist. Langfristig, so die implizite ideologische Position, ist ein derartiger "institutionenfreier" Raum der die Entwicklung bestimmende Hintergrund, vor dem kurz- und mittelfristig institutionelle Hindernisse und Informationsdefizite zu Wohlfahrtsverlusten führen können. Nicht ganz zu Unrecht wurden den zur Erklärung vieler Ungleichgewichte mißbrauchten Informationsannahmen herkömmlicher Modelle von den "neuen klassischen" Makroökonomen "rationale Erwartungen" (RE) entgegengehalten. Wird, wie in der RE-Schule meist üblich, das Modell, in dem Erwartungen gebildet werden, mit jenem, das tatsächlich eintritt, gleichgesetzt, so sind wirtschaftspolitische Eingriffsmöglichkeiten, die auf Informationsdefiziten beruhen, nicht mehr modellierbar. Zusammen mit der postulierten wohlfahrtstheoretischen Überlegenheit des "institutionenfreien" Raumes kann die traditionelle Begründung systematischer Wirtschaftspolitik damit unterlaufen werden[6]. Ist die zugrunde liegende Vorstellung des Zusammenhanges zwischen Erwartung und Realisierung bei der RE-Schule jene der "self-fulfilling prophecy", besser noch der "self-fulfilled prophecy", so kann der heterogenen, kritischen Tradition nach Keynes, Harrod, Schumpeter, Goodwin und Marx ein gemeinsames Element, die Modellierung von "self-destroying prophecies", zugeschrieben werden. Wie die Modelle post-keynesianischer, monetärer Ökonomen[7], so steht auch Tandem-T der letztgenannten Tradition näher. Das Lohn-Preis-System etwa unterstellt bei den Löhnen offensichtlich einen zentralen Verhandlungsprozeß, durch den es den Arbeitern möglich ist, eine Weitergabe von Produktivitätszuwächsen an die Reallöhne zumindest teilweise zu erzwingen - die institutionelle Regelung geht in die Formulierung ein. Andererseits kann durch die Preisbildung mittels Aufschlagskalkulation darauf geschlossen werden, daß die Annahme vollkommener Konkurrenz am Gütermarkt offenkundig nicht getroffen wird. Eine mögliche Interpretation unterstellt den Firmen eine Preispolitik, die von der Erreichung gewisser monetärer Zielgrößen ausgeht, vereinfacht eben in der Erhaltung eines konstanten mark-ups dargestellt. Die orthodoxe Alternative eliminiert die Preispolitik zugunsten der Wahl des optimalen Outputs bei unbeeinflußbarem Marktpreis. Offenkundig werden damit in Tandem spezifische Informationsstrukturen beziehungsweise Marktformen (Oligopolisierung) unterstellt. Schon die Existenz eines Lohn-Preis-Systems widerspricht im übrigen dem Fest-Preis Charakter der IS-LM-Modelle. Positiv formuliert kann ein explizites Lohn-Preis-System als eine Erweiterung des IS-LM-Modells betrachtet werden.

Was die Wahl der Agenten, derjenigen Gruppen, deren Verhalten durch makroökonomische Verhaltensgleichungen beschrieben wird, betrifft, so können zunächst zwei extreme Sichtweisen unterschieden werden: Die eine Sicht geht von homogenen, ökonomischen Mikroeinheiten aus, den "Haushalten". Diese mikroökonomischen Atome sind zugleich Firmenbesitzer, Arbeiter, Güter-, Geld- und Wertpapiernachfrager, kurz die "Substanz" aller wirtschaftlichen Aktivität. Da sie homogen sind, können ihnen bestimmte Eigenschaften mittels der Konstruktion eines "repräsentativen Agenten" eingeschrieben werden. Anschließende Aggregation liefert die Verhaltensgleichung. Die entgegengesetzte Sichtweise, die auf Quesnay und Ricardo zurückgeht, beginnt mit den in der kontemporären Gesellschaft tatsächlich vorgefundenen sozialen Gruppen, etwa Grundbesitzern, Unternehmern und Arbeitern, und sucht deren Anfangsausstattung und Verhalten spezifisch zu modellieren[8]. Aggregation findet hier nur innerhalb der sozialen Gruppe statt. Weil Verhalten hier den Eigenheiten der sozialen Gruppe genauer nachgebildet werden kann, spielt die im anderen Fall so allgemeine und zentrale Maxime der Optimierung nun nur mehr eine untergeordnete Rolle. Sie wird durch die vielartigen, schichtenspezifischen Beschränkungen dominiert. Tandem ist in diesem Punkt, wie auch Keynes selbst[9], ambivalent. Sind bei der Formulierung der Nachfragekomponenten durchaus Interpretationen im Sinne allgemeiner "sozialpsychologischer Konstanten" möglich, so deutet der Lohn-Preis-Block in Tandem-T ebenso wie das Verhalten der Notenbank und der Spekulanten in Tandem-M eher auf eine gruppenbezogene Modellierung hin.

Auf die dritte, immer wieder vorgetragene Kritik am IS-LM-Modell, daß ihm die Mikrofundierung fehle, kann hier sofort in Rückgriff auf den vorherigen Absatz eingegangen werden. Nur der, für den der Aufbau von Gesetzen eine Ableitung aus den inhärenten Eigenschaften kleinster, ökonomischer Atome homogener Bauart sein muß, nur der wird darin sein größtes Problem sehen[10]. Wer eher historisch spezifizierte Gesellschaftsgruppen mit ihren Beschränkungen und in ihrer Interdependenz zu seinem Forschungsgebiet macht, für den haben Fragen der Mikrofundierung geringere Bedeutung. Für Tandem-T gilt, wie für viele makroökonomische Modelle, daß seine Gleichungen nicht durchgehend aus mikroökonomischen Optimierungskalkülen abgeleitet wurden. Sie sind ad hoc vernünftig scheinende Unterstellungen von Beziehungen zwischen Aggregaten, wobei nie vergessen werden sollte, daß auch das Postulat der Existenz "ökonomischer Atome" eine ad hoc Annahme ist.

Das Lohn-Preis-System

Im klassischen makroökonomischen Modell tritt das Lohn-Preis-System nur degeneriert in Form des Reallohns auf. Der Reallohn geht dort sowohl in die Arbeitsnachfragefunktion als auch in die Arbeitsangebotsfunktion ein, was für eine gegebene Produktionstechnologie sofort die Bestimmung der gleichgewichtigen Beschäftigung und des Outputs ermöglicht (Sargent 1979, S.6-44). Damit sind aus der Annahme einer bestimmten Produktionstechnologie (Produktionsfunktion) und eines bestimmten Präferenzsystems (Arbeitsangebotskurve) sofort alle realen Variablen berechenbar. Es herrscht Neutralität, proportionale Änderungen aller monetären Variablen ändern die gleichgewichtigen, realen Größen nicht. Nominallohn und Preise werden daher im klassischen Modell zwar endogen bestimmt, die Annahme vollständiger Konkurrenz auf Arbeits- und Gütermarkt führt jedoch sofort zur Bestimmung ihres Niveaus. Das Verhalten der Preis- und Lohnsetzer reduziert sich auf die Anpassung an Marktpreise und Marktlöhne. Einzig im Rahmen der Stabilitätsanalyse läßt sich zeigen, daß die Preis- und Lohnsetzer für übliche Parameterwerte durch ihre Reaktion die Stabilität des Systems gewährleisten (Sargent 1982, S.28-30). Für die empirische Untersuchung von Lohn- und Preisentwicklungen ist dadurch wenig gewonnen.

Das keynesianische Modell unterscheidet sich aus neo-klassischer Sicht hauptsächlich durch das Weglassen der Arbeitsangebotsfunktion vom klassischen Modell. Damit kann aber auch nur um eine endogene Variable weniger vom Modell bestimmt werden: der Nominallohn wird als exogen angenommen. Der Lohnprozeß wird also im Modell nicht erklärt. Für die Preise gilt, was schon im klassischen Modell galt, sie bringen Angebot und Nachfrage zum Ausgleich, genauer gesagt haben sie das jeweils schon, da die Anbieter sich stets an die herrschenden Preise anpassen.

In Tandem hingegen werden stilisierte Lohn- und Preisprozesse modelliert, die, falls sie zunächst zu keinem Gleichgewicht führen, über die Reaktionen aller anderen endogenen Variablen unterstützt werden. Das Modell ist also ebenso wie das keynesianische Textbuch-Modell nicht dichotom, es kann nur für alle Variablen simultan gelöst werden. Der ökonomische Inhalt dieser Eigenschaft besteht darin, daß es offensichtlich nicht möglich ist wie im klassischen Modell, die realen Größen wie Output und Beschäftigung unabhängig von den monetären Variablen zu bestimmen. Außerdem ist Tandem-T wie schon das keynesianische Modell nicht neutral. Damit gehört es zu den Typen von Modellen, in denen "money matters" gilt. Für die empirische Wirtschaftsforschung sind solche Modelle jedenfalls attraktiver, weil wirklichkeitsnäher.

Die explizite Spezifizierung von Lohn- und Preissetzung erlaubt zudem, wie später noch zu sehen sein wird, einen auf ökonometrischer Schätzung basierenden

Vergleich dieser Prozesse in verschiedenen Ländern. Da dadurch ja die Verteilung des Volkseinkommens bestimmt wird, kann die Bedeutung der expliziten Angabe von Lohn- und Preisverhalten, beziehungsweise der Nachteil einer zu stark vereinfachten Darstellung, gar nicht wichtig genug genommen werden.

Technischer Fortschritt

In den meisten makroökonomischen Modellen wird technischer Fortschritt nur als exogene Variable, als stete Verschiebung der Produktionsfunktion nach oben, einbezogen. Die Größenordnung dieser Verschiebung erlaubt es nicht, ihn für den ökonometrischen Modellbau gänzlich zu ignorieren, wie es manchen analytisch vorgehenden Makroökonomen wohl lieb wäre, andererseits stellen sich der Endogenisierung des technischen Fortschritts einige Schwierigkeiten entgegen. So ist es beispielweise keine triviale Aufgabe, die Effekte steigender Skalenerträge von der Wirkung technischen Fortschritts ökonometrisch zu unterscheiden.

Parallel zu den Bemühungen, die Entwicklung technischen Wissens in makroökonomischen Modellen einzubinden, entstanden im letzten Jahrzehnt viele mikroökonomische Studien, die sich, nicht zuletzt motiviert von der Verlangsamung der Produktivitätszuwächse in den USA, dieser Frage widmeten. Wie schon in den ersten beiden Teilen dieses Buches dargestellt, hat die mikroökonomische Innovationsforschung inzwischen umfangreiches, empirisches Material zutage gefördert, dessen Sichtung und Interpretation noch nicht abgeschlossen ist. Diese, bisher immer noch hauptsächlich durch partialanalytische Studien bearbeiteten Gebiete für konsistente makroökonomische Modelle zu erschließen, ist sicherlich eine der lohnendsten Aufgaben. Der Wiederentdeckung des "footnote economist" (Samuelson) Schumpeter kommt in diesem Zusammenhang große Bedeutung zu, da Schumpeter seine Innovationstheorie im Rahmen einer gesamtwirtschaftlichen Entwicklungstheorie formuliert hat (Schumpeter 1924, 1939). Allerdings hat Schumpeter keine formalen Modelle konstruiert - die authentische Umsetzung seiner Innovationstheorie stellt nach wie vor eine Herausforderung für die mathematische Ökonomie dar[11].

Der einfachste Zugang zu einer endogenen Berücksichtigung technischen Fortschritts dürfte es sein, ihn analog zu anderen Produktionsfaktoren zu behandeln: "Technisches Wissen" sei die Bestandsgröße, die in der Produktionsfunktion Berücksichtigung findet; die Ausgaben für Forschung und Entwicklung können als Index für die zugehörige Stromgröße betrachtet werden. In eben dieser Form findet "Innovation" in Tandem statt. Klarerweise gibt eine solche makroskopische Sicht keinen Aufschluß darüber, wie die Firmen den steten Strom von Erfindungen in neue Produktionsmethoden umsetzen. Sie kann jedoch, über die Schnittstelle der endogen bestimmten "Ausgaben für Forschung und Entwicklung", eine Beschreibung des weiteren Schicksals innovativer Tätigkeiten im gesamtwirtschaftlichen Kontext liefern.

In der Folge soll das Basismodell in Gleichungsform dargestellt werden. Den drei erwähnten Theorieblöcken können dabei nicht mehr einzelne Gruppen von Gleichungen strikt zugeordnet werden, zu verwoben sind die Konzepte ineinander. Die formale Darstellung bietet dann auch die Gelegenheit, die Stabilititätseigenschaften des Modells zu untersuchen.

3.2 Formale Struktur

Die Gleichungen des Basismodells sind in der Tabelle 3.1 wiedergegeben. Die einzelnen Annahmen sind folgendermaßen zu interpretieren.

Die aggregierte Nachfrage wird durch die übliche Sozialproduktsidentität wiedergegeben (Gleichung [0]). Bemerkenswert ist die Unterteilung der Investitionen in reguläre Investitionen (IR) und Investitionen in Forschung und Entwicklung (IRD). Bei letzteren werden für die Schätzung die Forschungsausgaben verwendet. Da keine Außenwirtschaft explizit berücksichtigt wird, beinhaltet die exogene Variable G sowohl Staatsausgaben als auch Außenbeitrag.

Für die Komponenten der Gesamtnachfrage wurden einzelne Verhaltensgleichungen in log-linearer Form spezifiziert. Die Verwendung logarithmischer Funktionen ist nicht bloß eine technische Vereinfachung, sondern basiert auf der empirisch beobachtbaren Tatsache, daß Zusammenhänge wichtiger makroökonomischer Größen bestenfalls in den Wachstumsraten linear approximiert werden können[12].

Die im Modell verwendete Produktionsfunktion ist vom Cobb-Douglas-Typ (Gleichung [1]). Der Kapitalstock wird dabei noch um die exogen vorgegebene Kapazitätsauslastung korrigiert[13]. Der Bestand an technischem Wissen geht hierbei neben Kapital und Arbeit als dritter Produktionsfaktor ein. Er erhöht sich durch "Investitionen in technischen Fortschritt", eine Stromgröße, die für die Schätzung mit den Ausgaben für Forschung und Entwicklung gleichgesetzt wird. Die Summe der Outputelastizitäten von Kapital und Arbeit wird mit Eins festgelegt, es sollen also für konstantes technisches Wissen konstante Skalenerträge vorliegen. Anders ausgedrückt sollen jegliche steigende Skalenerträge mit steigendem technischen Wissen verbunden sein.

Die Konsumfunktion beschreibt den üblichen Zusammenhang zwischen Volkseinkommen und Konsumausgaben (Gleichung [2]). Für Elastizitäten um Eins bedeutet das eine Proportionalität, wie sie etwa auch die langfristige Konsumfunktion Friedmans unterstellt und wie sie auch durch empirische Zeitreihenanalysen bestätigt wird.

Bezüglich der Investitionsnachfrage wurde eine, die üblichen Annahmen der Standard-Makroökonomie verbindende Formulierung verwendet (Gleichung [3]). Es wird sowohl der Akzelerator als auch das Verhältnis der beiden Faktorpreise berücksichtigt.

Besondere Beachtung verdient die Investitionsfunktion für Forschungsausgaben (Gleichung [4]). Zunächst ist die hinter dieser Formulierung stehende Idee zu beachten, daß Innovationsausgaben im Grunde durch dieselben Größen beeinflußt werden wie alle anderen Investitionen. Das heißt, daß wiederum das Volkseinkommenswachstum als Abschätzung zukünftiger Nachfrage (Akzelerator) und die relativen Preise in die Bestimmung eingehen. Die Besonderheit von Forschungsausgaben besteht jedoch darin, daß es sich um langfristige Projekte handelt, die auf Änderungen dieser Variablen träger reagieren als andere Investitionen. Dem läßt sich formal dadurch Rechnung tragen, daß IRD nicht nur von denselben laufenden Argumenten wie IR abhängt, sondern auch von den verzögerten Werten dieser Argumente. In unserem Fall wurde diese Verzögerungsstruktur aus Gründen analytischer Behandelbarkeit jedoch nach lag 1 abgebrochen. Der Parameter vor dem verzögerten Term sollte kleiner Eins sein, er soll die abgeschwächte Wirkung verzögerter Variablen auf laufende Innovationsausgaben zum Ausdruck bringen.

Staatsausgaben stellen eine predeterminierte Größe dar, die nur durch verzögerte und exogene Variablen determiniert wird (Gleichung [5]). Im vorliegenden Fall kann der Zusammenhang so interpretiert werden, daß der für die Staatsausgaben der laufenden Periode maßgebliche Budgetvoranschlag das Volkseinkommen der Vorperiode zugrunde legt.

Die Bestimmung der beiden Kapitalstöcke erfolgt gemäß der Definitionen (Gleichung [6] und [7]). Die Abschreibungsraten sind als feste Prozentsätze pro Jahr exogen vorgegeben. Auch in diesem Fall wäre eine Endogenisierung denkbar.

Am Arbeitsmarkt steht ein exogen fortgeschriebenes Arbeitsangebot einer endogen bestimmten Arbeitsnachfrage gegenüber. Ein Überschußangebot bedeutet Arbeitslosigkeit (Gleichung [8]), die wiederum in der Lohnbildung berücksichtigt wird. Die Arbeitsnachfragefunktion (Gleichung [1.1]) wird durch Invertieren der Produktionsfunktion (Gleichung [1]) gewonnen. Ökonomisch interpretiert bedeutet diese Gleichung, daß die Unternehmen jeweils jene Menge an Arbeitern einstellen, die sie bei gegebenem Kapitalstock und technischem Wissen der laufenden Periode benötigen, um die nachgefragte Menge auch produzieren zu können. Es ist darauf hinzuweisen, daß in dieser einfachsten Formulierung der Arbeitsnachfrage aus Gründen der leichteren analytischen Behandelbarkeit auf Rigiditäten bei Einstellung und Entlassung von Beschäftigten keine Rücksicht genommen wurde[14]. Die Arbeitsnachfragefunktion ist die einzige Stelle, an der die Produktionsfunktion in diesem Modell eine Rolle spielt. Sie unterscheidet sich insofern von post-keynesianischen Modellen, als dort meist nur die Nachfrage als Argument eingeht (Arestis 1988, S.13-19), während hier auch Substitutionseffekte zwischen Arbeit, Kapital und technischem Wissen berücksichtigt werden[15].

Tabelle 3.1 Modell Tandem-T

Gütermarkt

Gleichgewichtsbedingungen

[0] $Y_t = C_t + IR_t + IRD_t + G_t$

Verhaltensgleichungen und technische Beziehungen:

[1] $\ln Y_t = \alpha_{1,1} \ln (cu_t K_t) + \alpha_{1,2} KRD_t + \alpha_{1,3} L_t$

[2] $\ln C_t = \alpha_{2,1} + \alpha_{2,2} \ln Y_t$

[3] $\ln IR_t = \alpha_{3,1} + \alpha_{3,2} (\ln Y_t - \ln Y_{t-1}) - \alpha_{3,3} (\ln r_{t-1} - \ln w_{t-1})$

[4] $\ln IRD_t = \alpha_{4,1} + \alpha_{4,2} (\ln Y_t - \ln Y_{t-1}) + \alpha_{4,3} (\ln r_{t-1} - \ln w_{t-1}) +$
$+ \alpha_{4,4} (\alpha_{4,2} (\ln Y_{t-1} - \ln Y_{t-2}) + \alpha_{4,3} (\ln r_{t-2} - \ln w_{t-2}))$

[5] $\ln G_t = \alpha_{5,1} + \alpha_{5,2} \ln Y_{t-1}$

Definitionen:

[6] $K_t = K_{t-1} + IR_t - \alpha_{6,1} K_{t-1}$

[7] $KRD_t = KRD_{t-1} + IRD_t - \alpha_{7,1} KRD_{t-1}$

Arbeitsmarkt

Ungleichgewicht

[8] $U_t = L^S_t - L^D_t$

Verhaltensgleichungen und technische Beziehungen:

[1.1] $\ln L^D_t = (\ln Y_t - \alpha_{1,1} \ln (cu_t K_t) - \alpha_{1,2} KRD_t) / \alpha_{1,3}$

Löhne und Preise

Verhaltensgleichungen

[9] $\ln P_t = \ln P_{t-1} + \alpha_{9,1} \ln P^M_t + \alpha_{9,2} (\ln w_t - \ln w_{t-1}) +$
$+ \alpha_{9,3} ((\ln Y_{t-1} - \ln L_{t-1}) - (\ln Y_{t-2} - \ln L_{t-2}))$

[10] $\ln w_t = \ln w_{t-1} + \alpha_{10,1} (\ln L_t - \ln L^S_t) + \alpha_{10,2} (\ln P_{t-1} - \ln P_{t-2}) +$
$+ \alpha_{10,3} ((\ln Y_{t-1} - \ln L_{t-1}) - (\ln Y_{t-2} - \ln L_{t-2}))$

Tabelle 3.1 (Fortsetzung)

<u>Variablenliste</u>

Endogene Variablen:

C .... Privater Konsum
G .... Staatsausgaben plus Nettoexporte
IR ...... Investitionen
IRD ..... Investitionen in Forschung und Entwicklung
K .... Kapitalstock
KRD .... Kapitalstock in F&E (technisches Wissen)
L .... Beschäftigung
P .... BIP Deflator
U .... Arbeitslose
w .... Lohnsatz
Y .... Volkseinkommen

Exogene Variablen:

cu .... Kapazitäts - Auslastung
L^S .... Arbeitsangebot
P^M ...... Importpreis Index
r .... Zinssatz

Die Preise werden in einem einzigen Preisindex zusammengefaßt, der im Prinzip durch eine Aufschlagskalkulation auf die Lohnkosten gebildet wird (Gleichung [9]). Zusätzliche Einflüsse gehen jedoch auch noch von den, hier exogen eingehenden Importpreisen und dem Produktivitätswachstum aus. Die Interpretation des Einflusses der Importpreise ist die, daß die Preise importierter Rohstoffe ebenfalls als Kosten eingehen und in der Aufschlagskalkulation berücksichtigt werden müssen[16].

Warum Produktivitätszuwächse von Bedeutung sind, mag folgende mikroökonomische Überlegung illustrieren: Produziert eine Firma produktiver, also mit unterdurchschnittlichen Stückkosten, so hat sie im Prinzip die Wahl, entweder die gestiegenen Stückgewinne bei unveränderten Preisen zu lukrieren oder aber zusätzliche Käufer durch Preissenkungen zu gewinnen und dadurch den Stückgewinn zugunsten des Umsatzes zu schmälern. Welche Strategie im konkreten Fall optimal ist, wird von den bestimmten Ausprägungen der einzelnen Marktunvollkommenheiten abhängen: Je stärker Käufer auf Preisdifferenzen reagieren, desto eher wird die zweite Strategie gewählt werden; wie sehr sich durch unveränderte Preise der Produktivitätsfortschritt vor potentiellen Imitatoren verheimlichen läßt, wird ebenso eine Rolle spielen wie die Frage, wann und von wie vielen Konkurrenten erfolgreiche Imitation zu erwarten ist; Patentschutzbestimmungen können eine entscheidende Rolle spielen. Für unsere Argumentation ist im Grunde nur wichtig, daß im Aggregat ein Einfluß auf die Preise gegeben sein wird und daß dieser in der Regel preissenkend wirken müßte. Dem Umstand, daß zunächst die erste der beiden oben erwähnten Strategien günstiger sein könnte, während es danach, mit beginnender Imitation der neuen Produktionsmethode, zu Preiskämpfen kommen kann, wird durch die Verzögerung des Produktivitätsterms Rechnung getragen.

Das Verhalten bei der Preisbildung kann auch als Gleichgewichtsbedingung für eine erstrebte Profitrate interpretiert werden. Droht diese durch höhere Importpreise zu fallen, so wird mit den Preisen mitgezogen. Außerdem wird dadurch deutlich, daß durch technischen Fortschritt gewonnene, höhere Profitraten teilweise durch Preiskämpfe wieder kompensiert werden können.

Die Lohnbildung (Gleichung [10]) erfolgt ähnlich der Preisbildung. Auch die Arbeiter versuchen Änderungen ihrer Reproduktionskosten, die auf Preisänderungen zurückzuführen sind, durch Lohnzuwächse wieder wettzumachen. Eine Elastizität von Eins bedeutet folglich, unter Vernachlässigung aller anderen Argumente, daß die Reallöhne konstant bleiben[17]. Geht man von zentralen Lohnverhandlungen aus, so handelt es sich bei der Abschätzung dieser Elastizität offensichtlich um ein Maß für die Fähigkeit der Gewerkschaft, Inflationsabgeltungen durchzusetzen. Entsprechend steht hinter der Verzögerung des Preisterms die Annahme eines bestimmten Erwartungsprozesses: Die erwartete Inflationsrate ist gleich der zuletzt beobachteten. Derselbe Erwartungsprozeß wird auch beim erwarteten Produktivitätszuwachs unterstellt. Die dazugehörige Elastizität mißt, inwieweit es Gewerkschaften gelingt, durchzusetzen, daß Produktivitätszuwächse an die Löhne weitergegeben werden. Das letzte zu besprechende Argument schließlich betrifft das Arbeitsmarktungleichgewicht. Der stilisierten Gewerkschaft wird eine zweifache Zielsetzung unterstellt: Reallohnwachstum und Vollbeschäftigung. Die beiden Ziele können einander entgegenwirken. Bei höherer Arbeitslosigkeit ist es plausibel, daß Gewerkschaften zu Abstrichen beim Reallohnwachstum bereit sind - genau das soll im Modell dargestellt werden[18].

Die Schätzung der Parameter der Lohnfunktion gibt ein grobes Bild eines bestimmten Gewerkschaftsverhaltens und zeigt die Präferenzen bezüglich Beschäftigung und Reallohn. Beim Vergleich zwischen der Bundesrepublik Deutschland und Österreich wird darauf zurückzukommen sein.

Die Entwicklung der Geldmenge kann zwar als endogen bestimmt gedacht werden, sie wirkt aber nicht auf die anderen Variablen des Modells zurück. Wie kann das ökonomisch interpretiert werden? Unter der Voraussetzung perfekter Kapitalmobilität ist anzunehmen, daß der Zinssatz stets gleich dem exogen vorgegebenen Weltmarktzins sei. Geht man von festen Wechselkursen aus, so ist die Geldmenge damit endogen bestimmt. Heimische Geldpolitik ist völlig ineffizient, da sofort Geldströme ins oder vom Ausland eintreten, die die Zinssatzgleichheit wiederherstellen. Mittels der üblichen Geldnachfragefunktionen ließe sich daher zwar eine Bestimmungsgleichung für das Niveau der Geldmenge schätzen, diese trägt aber zum Erklärungsgehalt des Basismodells nicht bei. Erst im Modell Tandem-M, im genauer modellierten, internationalen Zusammenhang, bekommt der monetäre Sektor mehr Bedeutung.

3.3 Stabilität

Zur Untersuchung der Stabilität von Tandem-T ist es nötig, das Strukturmodell aus Tabelle 3.1 in eine Differenzengleichung höherer Ordnung (Ordnung 9) in einer Variable umzuformen. Schwierigkeiten entstehen dabei immer dann, wenn von Logarithmen zu Summen von nicht logarithmischen Größen überzugehen ist. In allen derartigen Fällen muß eine lineare Approximation zu Hilfe genommen werden. So muß zum Beispiel Gleichung [0] umgeformt werden in [0.1], um das Einsetzen der Komponenten der Gesamtnachfrage in logarithmischer Form zu erlauben.

[0.1] $\ln Y_t = (C_t/Y_t)\ln C_t + (IR_t/Y_t)\ln IR_t + (IRD_t/Y_t)\ln IRD_t + (G_t/Y_t)\ln G_t$

Setzt man nun die Gleichungen [2], [3], [4] und [5] in [0.1] ein und ordnet die Summanden entsprechend um, so erhält man einen Ausdruck der Form

[11] $C^1_1 y_t + C^1_2 y_{t-1} + C^1_3 y_{t-3} + C^1_4 w_{t-1} + C^1_5 w_{t-2} = Z^1_t$

Kleingeschriebene Variablen sollen dabei die Logarithmen der entsprechenden großgeschriebenen Variablen bezeichnen. Die Konstanten C^i_j mit Gleichungsnummer i und laufender Nummer j sind folgendermaßen substituiert worden:

[12] $C^1_1 := 1 - g_1 \alpha_{2,2} - g_2 \alpha_{3,2} - g_3 \alpha_{4,2}$

[13] $C^1_2 := g_2 \alpha_{3,2} + g_3 \alpha_{4,2} - g_3 \alpha_{4,2} \alpha_{4,4} - g_4 \alpha_{5,2}$

[14] $C^1_3 := g_3 \alpha_{4,2} \alpha_{4,4}$

[15] $C^1_4 := g_2 \alpha_{3,3} + g_3 \alpha_{4,3}$

[16] $C^1_5 := g_3 \alpha_{4,3} \alpha_{4,4}$

[17] $Z^1_t := g_1 \alpha_{2,1} + g_2 \alpha_{3,1} + g_3 \alpha_{4,1} + g_4 \alpha_{5,1} + (g_2 \alpha_{3,3} + g_3 \alpha_{4,3})\, r_{t-1} +$
$+ g_3 \alpha_{4,3} \alpha_{4,4} r_{t-2}$

mit $g_1 := C_t/Y_t$; $g_2 := IR_t/Y_t$; $g_3 := IRD_t/Y_t$; $g_4 := G_t/Y_t$.

Da der Zinssatz ja eine exogene Variable ist, beinhaltet Gleichung [11] nur zwei endogene Variablen, nämlich das Volkseinkommen Y und den Lohnsatz W. Eine zweite Gleichung mit diesen beiden Größen genügt, um das System zu bestimmen. Dazu wird zunächst die Preisgleichung [9] in die Lohngleichung [10] eingesetzt:

$$[18]\ w_t = w_{t-1} + \alpha_{10,1}(l_t - l^S_t) + \alpha_{10,3}((y_{t-1}-l_{t-1})-(y_{t-2}-l_{t-2})) +$$

$$+ \alpha_{10,2}(\alpha_{9,1}\, p^M_{t-1} + \alpha_{9,2}(w_{t-1}-w_{t-2}) + \alpha_{9,3}((y_{t-2}-l_{t-2}) - (y_{t-3}-l_{t-3}))).$$

Substituiert man wieder die Koeffizienten der entsprechend umgeordneten endogenen Variablen w, y und l so ergibt sich

$$[19]\ C^2_1\, y_{t-1} + C^2_2\, y_{t-2} + C^2_3\, y_{t-3} + w_t + C^2_4\, w_{t-1} + C^2_5\, w_{t-2} +$$

$$+ C^2_6\, l_t + C^2_7\, l_{t-1} + C^2_8\, l_{t-2} + C^2_9\, l_{t-3} = Z^2_t$$

wobei

$$[20]\ C^2_1 := -\alpha_{10,3}$$

$$[21]\ C^2_2 := \alpha_{10,3} - \alpha_{10,2}\,\alpha_{9,3}$$

$$[22]\ C^2_3 := \alpha_{10,2}\,\alpha_{9,3}$$

$$[23]\ C^2_4 := -\alpha_{9,2}\,\alpha_{10,2} - 1$$

$$[24]\ C^2_5 := \alpha_{9,2}\,\alpha_{10,2}$$

$$[25]\ C^2_6 := -\alpha_{10,1}$$

$$[26]\ C^2_7 := \alpha_{10,3}$$

$$[27]\ C^2_8 := \alpha_{9,3}\,\alpha_{10,2} - \alpha_{10,3}$$

$$[28]\ C^2_9 := -\alpha_{9,3}\,\alpha_{10,2}$$

$$[29]\ Z^2_t := \alpha_{9,1}\,\alpha_{10,2}\, p^M_{t-1} - \alpha_{10,1}\, l^S_t\,.$$

In [18] sind nun zwar das Arbeitsangebot l^S_t und die Importpreise p^M_t exogen gegeben, die Arbeitsnachfrage l_t ist allerdings eine dritte endogene Variable. Um sie zu bestimmen, ist als dritte Gleichung [1.1] zu betrachten. In dieser wird l_t als Funktion des Volkseinkommens und der beiden Kapitalstöcke dargestellt. Es gilt folglich, Ausdrücke in y und w für die beiden Kapitalstöcke zu finden. Geht man von den in den Gleichungen [6] und [7] angegebenen Fortschreibungsregeln aus und definiert man Abschreibungsfaktoren gemäß

[30] $\alpha_{6,2} := 1 - \alpha_{6,1}$

[31] $\alpha_{7,2} := 1 - \alpha_{7,1}$,

so gilt

[32] $K_t = \alpha_{6,2} K_{t-1} + IR_t$

[33] $KRD_t = \alpha_{7,2} KRD_{t-1} + IRD_t$.

Hier tritt nun beim Übergang zu Logarithmen das gleiche Problem wie bei der Sozialproduktsidentität (Gleichung [0]) auf, es wird wiederum durch lineare Approximation gelöst[19]. Kleingeschriebene Variablen sind wieder die natürlichen Logarithmen der entsprechenden großgeschriebenen Variablen:

[34] $k_t = (\alpha_{6,2} K_{t-1}/K_t)(k_{t-1} + \ln \alpha_{6,2}) + (IR_t/K_t)\, ir_t$

[35] $krd_t = (\alpha_{7,2} KRD_{t-1}/KRD_t)(krd_{t-1} + \ln \alpha_{7,2}) + (IRD_t/KRD_t) ird_t$

Nach Substitution von

[36] $g_4 := \alpha_{6,2} (K_{t-1}/K_t)$

[37] $g_5 := g_4 \ln \alpha_{6,2}$

[38] $g_6 := IR_t/K_t$

[39] $g_7 := \alpha_{7,2} (KRD_{t-1}/KRD_t)$

[40] $g_8 := g_7 \ln \alpha_{7,2}$

[41] $g_9 := IRD_t/KRD_t$

können [34] und [35] folgendermaßen angeschrieben werden

[42] $k_t = g_4\, k_{t-1} + g_5 + g_6\, ir_t$

[43] $krd_t = g_7\, krd_{t-1} + g_8 + g_9\, ird_t$

beziehungsweise bei Verwendung eines Lag-Operators S (backward shift), der zeitabhängige Variablen bei einmaliger Anwendung um eine Periode in die Vergangenheit verschiebt

[44] $k_t = g_4\, S\, k_t + g_5 + g_6\, ir_t$

[45] $krd_t = g_7\, S\, krd_t + g_8 + g_9\, ird_t$.

Auflösung nach k_t, beziehungsweise krd_t, ergibt schließlich

[46] $k_t = (g_5 + g_6\, ir_t)/(1 - g_4\, S)$

[47] $krd_t = (g_8 + g_9\, ird_t)/(1 - g_7\, S)$.

Nun können [46] und [47] in die Arbeitsnachfrage (Gleichung [1.1]) eingesetzt werden:

[48] $l_t = (y_t - \alpha_{1,1}(cu_t + (g_5 + g_6\, ir_t)/(1 - g_4\, S)) - \alpha_{1,2}(g_8 + g_9\, ird_t)/(1 - g_7\, S))/\alpha_{1,3}$.

Multiplizieren mit $(1 - g_4\, S)(1 - g_7\, S)$ und Umordnen der Terme führt zu

[49] $(1 - (g_4 + g_7)\, S + S^2)\, y_t - \alpha_{1,3}(1 - (g_4 + g_7)\, S + S^2)\, l_t -$

$- \alpha_{1,1}\, g_6\, (1\text{-}g_7 S)\, ir_t - \alpha_{1,2}\, g_9\, (1\text{-}g_4 S)\, ird_t =$

$= \alpha_{1,1}\, g_5\, (1\text{-}g_7) + \alpha_{1,2}\, g_8\, (1\text{-}g_4) + \alpha_{1,1}\, (1 - (g_4 + g_7)\, S + S^2)\, cu_t$

Nun müssen nur mehr die beiden Investitionsfunktionen [3] und [4] in [49] eingesetzt werden, um die angestrebte dritte Bestimmungsgleichung für y, w und l zu erhalten:

$$[50]\quad (1-(g_4+g_7)\,S + S^2)\,y_t - \alpha_{1,3}(1-(g_4+g_7)\,S + S^2)\,l_t -$$

$$- \alpha_{1,1}\,g_6\,(1-g_7S)(\alpha_{3,1} + \alpha_{3,2}(1-S)y_t + \alpha_{3,3}\,S\,r_t - \alpha_{3,3}\,S\,w_t) -$$

$$- \alpha_{1,2}\,g_9\,(1-g_4S)(\alpha_{4,1} + \alpha_{4,2}(1-(1-\alpha_{4,4})S-\alpha_{4,4}\,S^2)y_t +$$

$$+ \alpha_{4,3}(S + \alpha_{4,4}\,S^2)r_t - \alpha_{4,3}(S + \alpha_{4,4}\,S^2)w_t) =$$

$$= \alpha_{1,1}\,g_5\,(1-g_7) + \alpha_{1,2}\,g_8\,(1-g_4) + \alpha_{1,1}\,(1-(g_4+g_7)\,S + S^2)\,cu_t$$

Da der Zinssatz im Basismodell exogen ist, kann er nun gemeinsam mit den anderen, aus den Investitionsfunktionen kommenden Termen in einer Größe Z^3_t zusammengefaßt werden, um eine Formulierung entsprechend den Gleichungen [11] und [19] zu ermöglichen. Aus [50] wird zunächst

$$[51]\quad (1-(g_4+g_7)\,S + S^2)\,y_t - \alpha_{1,3}(1-(g_4+g_7)\,S + S^2)\,l_t -$$

$$- \alpha_{1,1}\,g_6\,(1-g_7S)(\alpha_{3,2}(1-S)y_t - \alpha_{3,3}\,S\,w_t) -$$

$$- \alpha_{1,2}\,g_9\,(1-g_4S)(\alpha_{4,2}(1-(1-\alpha_{4,4})S-\alpha_{4,4}\,S^2)y_t - \alpha_{4,3}(S + \alpha_{4,4}\,S^2)w_t) =$$

$$= \alpha_{1,1}\,g_5\,(1-g_7) + \alpha_{1,2}\,g_8\,(1-g_4) + \alpha_{1,1}\,\alpha_{3,1}\,g_6\,(1-g_7) + \alpha_{1,2}\,\alpha_{4,1}\,g_9\,(1-g_4) +$$

$$+ \alpha_{1,1}\,(1-(g_4+g_7)\,S + S^2)\,cu_t +$$

$$+ (\alpha_{1,1}\,\alpha_{3,3}\,g_6\,(S-g_7S^2) + \alpha_{1,2}\,\alpha_{4,3}\,g_9\,(1-g_4S)(S + \alpha_{4,4}\,S^2))r_t$$

und nach weiterer Zusammenfassung

[52] $(1 - (g_4+g_7)\,S + S^2 - \alpha_{1,1}\,\alpha_{3,2}\,g_6\,(1-g_7S)(1-S) -$

$- \alpha_{1,2}\,\alpha_{4,2}\,g_9\,(1-g_4S)(1-(1-\alpha_{4,4})S-\alpha_{4,4}\,S^2)\,y_t + (\alpha_{1,1}\,\alpha_{3,3}\,g_6\,(S-g_7S^2) +$

$+ \alpha_{1,2}\,\alpha_{4,3}\,g_9\,(1-g_4S)(S + \alpha_{4,4}\,S^2))w_t - \alpha_{1,3}(1 - (g_4+g_7)\,S + S^2)\,l_t =$

$= \alpha_{1,1}\,g_5\,(1-g_7) + \alpha_{1,2}\,g_8\,(1-g_4) + \alpha_{1,1}\,\alpha_{3,1}\,g_6\,(1-g_7) + \alpha_{1,2}\,\alpha_{4,1}\,g_9\,(1-g_4) +$

$+ \alpha_{1,1}\,(1 - (g_4+g_7)\,S + S^2)\,cu_t +$

$+ (\alpha_{1,1}\,\alpha_{3,3}\,g_6\,(S-g_7S^2) + \alpha_{1,2}\,\alpha_{4,3}\,g_9\,(1-g_4S)(S + \alpha_{4,4}\,S^2))r_t\,.$

Substitution ermöglicht schließlich die kompaktere Darstellung

[53] $C^3_1\,y_t + C^3_2\,y_{t-1} + C^3_3\,y_{t-2} + C^3_4\,y_{t-3} + C^3_5\,w_{t-1} +$

$+ C^3_6\,w_{t-2} + C^3_7\,w_{t-3} + C^3_8\,l_t + C^3_9\,l_{t-1} + C^3_{10}\,l_{t-2} = Z^3_t\,,$

wobei

[54] $C^3_1 := 1 - \alpha_{1,1}\,\alpha_{3,2}\,g_6 - \alpha_{1,2}\,\alpha_{4,2}\,g_9$

[55] $C^3_2 := \alpha_{1,1}\,\alpha_{3,2}\,g_6(1+g_7) + \alpha_{1,2}\,\alpha_{4,2}\,g_9(1+\alpha_{4,4}+g_4) - g_4 - g_7$

[56] $C^3_3 := 1 - \alpha_{1,1}\,\alpha_{3,2}\,g_6 + \alpha_{1,2}\,\alpha_{4,2}\,g_9(\alpha_{4,4}(1-g_4) - g_4)$

[57] $C^3_4 := - \alpha_{1,2}\,\alpha_{4,2}\,\alpha_{4,4}\,g_4\,g_9$

[58] $C^3_5 := \alpha_{1,1}\,\alpha_{3,3}\,g_6 + \alpha_{1,2}\,\alpha_{4,3}\,g_9$

[59] $C^3_6 := - (\alpha_{1,1}\,\alpha_{3,3}\,g_6\,g_7 + \alpha_{1,2}\,\alpha_{4,3}\,g_9(g_4 - \alpha_{4,4}))$

[60] $C^3_7 := - \alpha_{1,2}\,\alpha_{4,3}\,\alpha_{4,4}\,g_4\,g_9$

[61] $C^3_8 := - \alpha_{1,3}$

[62] $C^3_9 := \alpha_{1,3}(g_4 + g_7)$

[63] $C^3_{10} := -\alpha_{1,3}$

[64] $Z^3_t := \alpha_{1,1}\, g_5\,(1-g_7) + \alpha_{1,2}\, g_8\,(1-g_4) + \alpha_{1,1}\,\alpha_{3,1}\, g_6\,(1-g_7) + \alpha_{1,2}\,\alpha_{4,1}\, g_9\,(1-g_4 S) +$

$+ \alpha_{1,1}\,(1 - (g_4 + g_7) + S^2)\, cu_t + ((\alpha_{1,1}\,\alpha_{3,3}\, g_6 + \alpha_{1,2}\,\alpha_{4,3}\, g_9)\, S +$

$+ (\alpha_{1,2}\,\alpha_{4,3}\, g_9(\alpha_{4,4} - g_4) - \alpha_{1,1}\,\alpha_{3,3}\, g_6\, g_7)\, S^2 - \alpha_{1,2}\,\alpha_{4,3}\,\alpha_{4,4}\, g_9\, g_4\, S^3)\, r_t\,.$

Damit kann nun das aus den drei Differenzengleichungen [11], [19] und [53] bestehende System mit drei endogenen Variablen weiter untersucht werden:

[11] $C^1_1\, y_t + C^1_2\, y_{t-1} + C^1_3\, y_{t-3} + C^1_4\, w_{t-1} + C^1_5\, w_{t-2} = Z^1_t$

[19] $C^2_1\, y_{t-1} + C^2_2\, y_{t-2} + C^2_3\, y_{t-3} + w_t + C^2_4\, w_{t-1} + C^2_5\, w_{t-2} +$

$+ C^2_6\, l_t + C^2_7\, l_{t-1} + C^2_8\, l_{t-2} + C^2_9\, l_{t-3} = Z^2_t$

[53] $C^3_1\, y_t + C^3_2\, y_{t-1} + C^3_3\, y_{t-2} + C^3_4\, y_{t-3} + C^3_5\, w_{t-1} +$

$+ C^3_6\, w_{t-2} + C^3_7\, w_{t-3} + C^3_8\, l_t + C^3_9\, l_{t-1} + C^3_{10}\, l_{t-2} = Z^3_t$

Unter Verwendung des Lag-Operators wird daraus

[11.1] $(C^1_1 + C^1_2\, S + C^1_3\, S^2)y_t + (C^1_4\, S + C^1_5\, S^2)w_t = Z^1_t$

[19.1] $(C^2_1\, S + C^2_2\, S^2 + C^2_3\, S^3)y_t + (1 + C^2_4\, S + C^2_5\, S^2)w_t +$

$+ (C^2_6 + C^2_7\, S + C^2_8\, S^2 + C^2_9\, S^3)l_t = Z^2_t$

[53.1] $(C^3_1 + C^3_2\, S + C^3_3\, S^2 + C^3_4\, S^3)y_t + (C^3_5\, S +$

$+ C^3_6\, S^2 + C^3_7\, S^3)w_t + (C^3_8 + C^3_9\, S + C^3_{10}\, S^2)l_t = Z^3_t\,.$

Stellt man in Gleichung [11.1] w_t als Funktion der anderen Variablen dar und setzt in [19.1] und [53.1] ein, so erhält man

$$[65]\quad (C^1_4 S + C^1_5 S^2)(C^2_1 S + C^2_2 S^2 + C^2_3 S^3)y_t +$$

$$+ (1 + C^2_4 S + C^2_5 S^2)(Z^1_t - (C^1_1 + C^1_2 S + C^1_3 S^2)y_t) +$$

$$+ (C^1_4 S + C^1_5 S^2)(C^2_6 + C^2_7 S + C^2_8 S^2 + C^2_9 S^3)l_t =$$

$$= (C^1_4 S + C^1_5 S^2)Z^2_t$$

$$[66]\quad (C^1_4 S + C^1_5 S^2)(C^3_1 + C^3_2 S + C^3_3 S^2 + C^3_4 S^3)y_t +$$

$$+ (C^3_5 S + C^3_6 S^2 + C^3_7 S^3)(Z^1_t - (C^1_1 + C^1_2 S + C^1_3 S^2)y_t) +$$

$$+ (C^1_4 S + C^1_5 S^2)(C^3_8 + C^3_9 S + C^3_{10} S^2)l_t =$$

$$= (C^1_4 S + C^1_5 S^2)Z^3_t .$$

Neuerliche Substitution erlaubt es, das nun aus zwei Gleichungen bestehende System folgendermaßen darzustellen:

$$[67]\quad C^4_1 y_t + C^4_2 l_t = Z^4_t$$

$$[68]\quad C^5_1 y_t + C^5_2 l_t = Z^5_t$$

mit

$$[69]\quad C^4_1 := (C^1_4 S + C^1_5 S^2)(C^2_1 S + C^2_2 S^2 + C^2_3 S^3) -$$

$$- (1 + C^2_4 S + C^2_5 S^2)(C^1_1 + C^1_2 S + C^1_3 S^2)$$

$$[70]\quad C^4_2 := (C^1_4 S + C^1_5 S^2)(C^2_6 + C^2_7 S + C^2_8 S^2 + C^2_9 S^3)$$

$$[71]\quad Z^4_t := (C^1_4 S + C^1_5 S^2)Z^2_t$$

[72] $C^5_1 := (C^1_4 S + C^1_5 S^2)(C^3_1 + C^3_2 S + C^3_3 S^2 + C^3_4 S^3) -$

$- (C^3_5 S + C^3_6 S^2 + C^3_7 S^3)(C^1_1 + C^1_2 S + C^1_3 S^2)$

[73] $C^5_2 := (C^1_4 S + C^1_5 S^2)(C^3_8 + C^3_9 S + C^3_{10} S^2)$

[74] $Z^5_t := (C^1_4 S + C^1_5 S^2) Z^3_t .$

Anwendung der Cramerschen Regel[20] auf das System [67]-[68] liefert

[75] $(C^4_1 C^5_2 - C^4_2 C^5_1)\, y_t = Z^4_t C^5_2 - Z^5_t C^4_2 ,$

eine Differenzengleichung in y, die nur mehr von Parametern und exogenen Variablen abhängt. Durch Wiedereinsetzen der substituierten Größen kann die Ordnung der Gleichung [75] leicht ermittelt werden:

[76] $C^4_1 C^5_2 = ((C^1_4 S + C^1_5 S^2)(C^2_1 S + C^2_2 S^2 + C^2_3 S^3) -$

$- (1 + C^2_4 S + C^2_5 S^2)(C^1_1 + C^1_2 S + C^1_3 S^2))(C^1_4 S +$

$+ C^1_5 S^2)(C^3_8 + C^3_9 S + C^3_{10} S^2) =$

$= (-C^1_1 - (C^1_2 + C^1_1 C^2_4)S + (C^1_4 C^2_1 - C^1_3 - C^2_4 C^1_2 - C^1_1 C^2_5)S^2 +$

$+ (C^1_5 C^2_1 + C^1_4 C^2_2 - C^2_4 C^1_3 - C^1_2 C^2_5)S^3 +$

$+ (C^1_5 C^2_2 + C^1_4 C^2_3 - C^1_3 C^2_5)S^4 + C^1_5 C^2_3 S^5)(C^1_4 C^3_8 S +$

$+ (C^1_4 C^3_9 + C^1_5 C^3_8)S^2 + (C^1_4 C^3_{10} + C^1_5 C^3_9)S^3 + C^1_5 C^3_{10} S^4) .$

Nochmaliges Ersetzen der Koeffizienten für bestimmte Lags von C^4_1 und C^5_2 ist nun sinnvoll, da dies die Übersichtlichkeit unterstützt:

[77] $C^6_1 := -C^1_1$

[78] $C^6_2 := -(C^1_2 + C^1_1 C^2_4)$

[79] $C^6_3 := C^1_4 C^2_1 - C^1_3 - C^2_4 C^1_2 - C^1_1 C^2_5$

[80] $C^6_4 := C^1_5 C^2_1 + C^1_4 C^2_2 - C^2_4 C^1_3 - C^1_2 C^2_5$

[81] $C^6_5 := C^1_5 C^2_2 + C^1_4 C^2_3 - C^1_3 C^2_5$

[82] $C^6_6 := C^1_5 C^2_3$

[83] $C^6_7 := C^1_4 C^3_8$

[84] $C^6_8 := C^1_4 C^3_9 + C^1_5 C^3_8$

[85] $C^6_9 := C^1_4 C^3_{10} + C^1_5 C^3_9$

[86] $C^6_{10} := C^1_5 C^3_{10}$.

Der Ausdruck [76] wird damit zu

[87] $$C^4_1 C^5_2 = (C^6_1 + C^6_2 S + C^6_3 S^2 + C^6_4 S^3 + C^6_5 S^4 + C^6_6 S^5)$$

$$(C^6_7 S + C^6_8 S^2 + C^6_9 S^3 + C^6_{10} S^4) =$$

$$= C^6_1 C^6_7 S + (C^6_1 C^6_8 + C^6_2 C^6_7) S^2 +$$

$$+ (C^6_1 C^6_9 + C^6_2 C^6_8 + C^6_3 C^6_7) S^3 +$$

$$+ (C^6_1 C^6_{10} + C^6_2 C^6_9 + C^6_3 C^6_8 + C^6_4 C^6_7) S^4 +$$

$$+ (C^6_2 C^6_{10} + C^6_3 C^6_9 + C^6_4 C^6_8 + C^6_5 C^6_7) S^5 +$$

$$+ (C^6_3 C^6_{10} + C^6_4 C^6_9 + C^6_5 C^6_8 + C^6_6 C^6_7) S^6 +$$

$$+ (C^6_4 C^6_{10} + C^6_5 C^6_9 + C^6_6 C^6_8) S^7 +$$

$$+ (C^6_5 C^6_{10} + C^6_6 C^6_9) S^8 + C^6_6 C^6_{10} S^9 .$$

Analog läßt sich das Produkt $C^4_2 C^5_1$ behandeln.

[88] $C^4_2 = C^1_4 C^2_6 S + (C^1_4 C^2_7 + C^1_5 C^2_6)S^2 +$

$+ (C^1_4 C^2_8 + C^1_5 C^2_7)S^3 + (C^1_4 C^2_9 + C^1_5 C^2_8)S^4 + C^1_5 C^2_9 S^5$

[89] $C^5_1 = (C^1_4 C^3_1 S + (C^1_4 C^3_2 + C^1_5 C^3_1)S^2 + (C^1_4 C^3_3 + C^1_5 C^3_2)S^3 +$

$+ (C^1_4 C^3_4 + C^1_5 C^3_3)S^4 + C^1_5 C^3_4 S^5) - C^1_1 C^3_5 S -$

$- (C^1_1 C^3_6 + C^1_2 C^3_5)S^2 - (C^1_1 C^3_7 + C^1_2 C^3_6 + C^1_3 C^3_5)S^3 -$

$- (C^1_2 C^3_7 + C^1_3 C^3_6)S^4 - C^1_3 C^3_7 S^5$.

Substitution ergibt

[90] $C^7_1 := C^1_4 C^2_6$

[91] $C^7_2 := C^1_4 C^2_7 + C^1_5 C^2_6$

[92] $C^7_3 := C^1_4 C^2_8 + C^1_5 C^2_7$

[93] $C^7_4 := C^1_4 C^2_9 + C^1_5 C^2_8$

[94] $C^7_5 := C^1_5 C^2_9$

[95] $C^7_6 := C^1_4 C^3_1 - C^1_1 C^3_5$

[96] $C^7_7 := C^1_4 C^3_2 + C^1_5 C^3_1 - C^1_1 C^3_6 - C^1_2 C^3_5$

[97] $C^7_8 := C^1_4 C^3_3 + C^1_5 C^3_2 - C^1_1 C^3_7 - C^1_2 C^3_6 - C^1_3 C^3_5$

[98] $C^7_9 := C^1_4 C^3_4 + C^1_5 C^3_3 - C^1_2 C^3_7 - C^1_3 C^3_6$

[99] $C^7_{10} := C^1_5 C^3_4 - C^1_3 C^3_7$,

sodaß

$$[100]\quad C^4_2 C^5_1 = (C^7_1 S + C^7_2 S^2 + C^7_3 S^3 + C^7_4 S^4 +$$

$$+ C^7_5 S^5)(C^7_6 S + C^7_7 S^2 + C^7_8 S^3 + C^7_9 S^4 + C^7_{10} S^5) =$$

$$= C^7_1 C^7_6 S^2 + (C^7_1 C^7_7 + C^7_2 C^7_6) S^3 +$$

$$+ (C^7_1 C^7_8 + C^7_2 C^7_7 + C^7_3 C^7_6) S^4 +$$

$$+ (C^7_1 C^7_9 + C^7_2 C^7_8 + C^7_3 C^7_7 + C^7_4 C^7_6) S^5 +$$

$$+ (C^7_1 C^7_{10} + C^7_2 C^7_9 + C^7_3 C^7_8 + C^7_4 C^7_7 + C^7_5 C^7_6) S^6 +$$

$$+ (C^7_2 C^7_{10} + C^7_3 C^7_9 + C^7_4 C^7_8 + C^7_5 C^7_7) S^7 +$$

$$+ (C^7_3 C^7_{10} + C^7_4 C^7_9 + C^7_5 C^7_8) S^8 +$$

$$+ (C^7_4 C^7_{10} + C^7_5 C^7_9) S^9 + C^7_5 C^7_{10} S^{10} .$$

Setzt man die Gleichungen [87] und [100] in die Differenzengleichung [75] ein und dividiert man beide Seiten durch S, so kann man [75] nun folgendermaßen anschreiben:

$$[101]\quad ß_0 y_t + ß_1 y_{t-1} + ß_2 y_{t-2} + ß_3 y_{t-3} + ß_4 y_{t-4} + ß_5 y_{t-5} +$$

$$ß_6 y_{t-6} + ß_7 y_{t-7} + ß_8 y_{t-8} + ß_9 y_{t-9} + ß_{10} = 0,$$

wobei

$$[102]\quad ß_0 := C^6_1 C^6_7$$

$$[103]\quad ß_1 := C^6_1 C^6_8 + C^6_2 C^6_7 - C^7_1 C^7_6$$

$$[104]\quad ß_2 := C^6_1 C^6_9 + C^6_2 C^6_8 + C^6_3 C^6_7 - C^7_1 C^7_7 - C^7_2 C^7_6$$

$$[105]\quad ß_3 := C^6_1 C^6_{10} + C^6_2 C^6_9 + C^6_3 C^6_8 + C^6_4 C^6_7 - C^7_1 C^7_8 - C^7_2 C^7_7 - C^7_3 C^7_6$$

[106] $\text{ß}_4 := C^6_2 C^6_{10} + C^6_3 C^6_9 + C^6_4 C^6_8 + C^6_5 C^6_7 - C^7_1 C^7_9 -$

$- C^7_2 C^7_8 - C^7_3 C^7_7 - C^7_4 C^7_6$

[107] $\text{ß}_5 := C^6_3 C^6_{10} + C^6_4 C^6_9 + C^6_5 C^6_8 + C^6_6 C^6_7 - C^7_1 C^7_{10} -$

$- C^7_2 C^7_9 - C^7_3 C^7_8 - C^7_4 C^7_7 - C^7_5 C^7_6$

[108] $\text{ß}_6 := C^6_4 C^6_{10} + C^6_5 C^6_9 + C^6_6 C^6_8 - C^7_2 C^7_{10} - C^7_3 C^7_9 - C^7_4 C^7_8 - C^7_5 C^7_7$

[109] $\text{ß}_7 := C^6_5 C^6_{10} + C^6_6 C^6_9 - C^7_3 C^7_{10} - C^7_4 C^7_9 - C^7_5 C^7_8$

[110] $\text{ß}_8 := C^6_6 C^6_{10} - C^7_4 C^7_{10} - C^7_5 C^7_9$

[111] $\text{ß}_9 := - C^7_5 C^7_{10}$

[112] $\text{ß}_{10} := Z^5_t(C^1_4 C^2_6 + (C^1_4 C^2_7 + C^1_5 C^2_6)S +$

$+ (C^1_4 C^2_8 + C^1_5 C^2_7)S^2 + (C^1_4 C^2_9 + C^1_5 C^2_8)S^3 +$

$+ C^1_5 C^2_9 S^4) - Z^4_t(C^1_4 C^3_8 + (C^1_4 C^3_9 + C^1_5 C^3_8)S +$

$+ (C^1_4 C^3_{10} + C^1_5 C^3_9)S^2 + C^1_5 C^3_{10} S^3).$

Für Gleichung [101] kann nun die Stabilität des Systems durch Anwendung des Schur-Kriteriums überprüft werden[21]. Prinzipiell wäre zunächst festzustellen, ob das System bezüglich aller ökonomisch sinnvollen Parameterwerte stabil ist. Das Schur-Kriterium führt im vorliegenden Fall zur Überprüfung von neun verschiedenen Bedingungen, die alle erfüllt sein müssen - die Vorzeichen der Determinanten neun verschiedener, speziell zu bildender Matrizzen müssen positiv sein - um die Stabilität der Differenzengleichung zu gewährleisten. Der Aufbau der Matrizen ist jedoch bei einer Differenzengleichung dieser hohen Ordnung einigermaßen kompliziert. Glücklicherweise ist das Schur-Kriterium ein sowohl notwendiges als auch hinreichendes Kriterium, sodaß es zur Falsifizierung der prinzipiellen Stabilität genügt zu zeigen, daß das Vorzeichen nur einer dieser Determinanten von den speziellen Werten der Parameter abhängt. Umgekehrt verlangt die Verifizierung immer die Überprüfung aller Determinanten.

Die einfachste dieser Bedingungen lautet

[113] $\beta_0^2 - \beta_{10}^2 > 0$ bzw. $\mathrm{abs}(\beta_0) > \mathrm{abs}(\beta_{10})$,

wobei abs(.) die Notation für den Absolutbetrag ist. Setzt man in β_0 ein so ergibt sich

$$[102.1]\quad \beta_0 = C^6_1\, C^6_7 = (-C^1_1) C^1_4\, C^3_4 =$$

$$= (1 - g_1\, \alpha_{2,2} - g_2\, \alpha_{3,2} - g_3\, \alpha_{4,2})(g_2\, \alpha_{3,3} + g_3\, \alpha_{4,3})(\alpha_{1,2}\, \alpha_{4,2}\, \alpha_{4,4}\, g_4\, g_9)\,.$$

Rückeinsetzen in β_{10} ist wesentlich komplizierter:

$$[112.1]\quad \beta_{10} = (C^1_4\, S + C^1_5\, S^2) Z^3_t (C^1_4\, C^2_6 + (C^1_4\, C^2_7 + C^1_5\, C^2_6) S +$$

$$+ (C^1_4\, C^2_8 + C^1_5\, C^2_7) S^2 + (C^1_4\, C^2_9 + C^1_5\, C^2_8) S^3 + C^1_5\, C^2_9\, S^4) -$$

$$- ((C^1_4\, S + C^1_5\, S^2) Z^2_t)(C^1_4\, C^3_8 + (C^1_4\, C^3_9 + C^1_5\, C^3_8) S +$$

$$+ (C^1_4\, C^3_{10} + C^1_5\, C^3_9) S^2 + C^1_5\, C^3_{10}\, S^3) =$$

$$= (g_2 \alpha_{3,3} + g_3 \alpha_{4,3} + g_3 \alpha_{4,3} \alpha_{4,4} S)S(\alpha_{1,1} g_5 (1-g_7) +$$

$$+ \alpha_{1,2} g_8 (1-g_4) + \alpha_{1,1} \alpha_{3,1} g_6 (1-g_7) + \alpha_{1,2} \alpha_{4,1} g_9 (1 - g_4 S) +$$

$$+ \alpha_{1,1} (1 - (g_4 + g_7) + S^2) cu_t + (\alpha_{1,1} \alpha_{3,3} g_6 (1 - g_7 S) +$$

$$+ \alpha_{1,2} \alpha_{4,3} g_9 (1-g_4 S)(1 + \alpha_{4,4} S))r_{t-1})((g_2 \alpha_{3,3} + g_3 \alpha_{4,3})(-\alpha_{10,1}) +$$

$$+ ((g_2 \alpha_{3,3} + g_3 \alpha_{4,3})\alpha_{10,3} - g_3 \alpha_{4,3} \alpha_{4,4} \alpha_{10,1})S +$$

$$+ ((g_2 \alpha_{3,3} + g_3 \alpha_{4,3})(\alpha_{9,3} \alpha_{10,2} - \alpha_{10,3}) + g_3 \alpha_{4,3} \alpha_{4,4} \alpha_{10,3})S^2 +$$

$$+ ((g_2 \alpha_{3,3} + g_3 \alpha_{4,3})(-\alpha_{9,3} \alpha_{10,2}) + g_3 \alpha_{4,3} \alpha_{4,4} (\alpha_{9,3} \alpha_{10,2} - \alpha_{10,3}))S^3 -$$

$$- g_3 \alpha_{4,3} \alpha_{4,4} \alpha_{9,3} \alpha_{10,2} S^4) -$$

$$- ((g_2 \alpha_{3,3} + g_3 \alpha_{4,3} + g_3 \alpha_{4,3} \alpha_{4,4} S)(\alpha_{9,1} \alpha_{10,2} p^M_{t-2} -$$

$$- \alpha_{10,1} l^S_{t-1}))((g_2 \alpha_{3,3} + g_3 \alpha_{4,3}) (-\alpha_{1,3}) + ((g_2 \alpha_{3,3} +$$

$$+ g_3 \alpha_{4,3}) (\alpha_{1,3}(g_4 + g_7)) - g_3 \alpha_{4,3} \alpha_{4,4} \alpha_{1,3})S + ((g_2 \alpha_{3,3} + g_3 \alpha_{4,3})(-\alpha_{1,3}) +$$

$$+ g_3 \alpha_{4,3} \alpha_{4,4} (\alpha_{1,3}(g_4 + g_7)))S^2 - g_3 \alpha_{4,3} \alpha_{4,4} \alpha_{1,3} S^3) .$$

Es ist offenbar nicht möglich, die Bedingung [113] in eine einfache und gut ökonomisch interpretierbare Form zu bringen. Betrachtet man aber bestimmte Parameter, die zwar in [112.1], nicht aber in [102.1] vorkommen, so läßt sich dennoch feststellen, daß eine prinzipielle Stabilitätsaussage nicht möglich ist. So kann sich durch Variation der Parameter $\alpha_{1,1}$ und $\alpha_{1,3}$, der Outputelastizitäten von Kapital und Arbeit, der Absolutbetrag von [112.1] vergrößern oder verkleinern, ohne daß dadurch jener von [102.1] sich ändert. Andererseits kann durch kleines C^1_1 der Absolutbetrag von [102.1] sehr klein gemacht werden, ohne daß jener von [112.1] stark berührt würde.

Das Ergebnis der analytischen Stabilitätsanalyse besteht daher darin, daß die Stabilität des Systems von den konkreten Parameterwerten abhängt. Die Analyse der übrigen Determinanten erübrigt sich dadurch. Erst nachdem die im nächsten Kapitel beschriebenen Schätzungen für die Simulationsmodelle durchgeführt wurden, kann die lokale Stabilität mittels der Schätzergebnisse für die Parameter von Zeitpunkt zu Zeitpunkt festgestellt werden.

3.4 Simulationsmodell

Nachdem die Stabilitätsanalyse für das Basismodell gezeigt hat, daß die starken Interdepenzen und vielfältigen Verzögerungsstrukturen zu einer Komplexität führen, die einfache allgemeine Aussagen für Modelle dieser Art nicht zulassen, wird nun in einem nächsten Schritt versucht, konkrete Parameter zu schätzen. Dazu wurden makroökonomische Daten der Bundesrepublik Deutschland verwendet, wie sie vom Statistischen Zentralamt beziehungsweise der OECD veröffentlicht werden[22]. Als Schätzmethode wurde die gewöhnliche Methode der kleinsten Quadrate (OLS), angewandt auf Einzelgleichungen, verwendet. Dieser vergleichsweise bescheidene methodische Ansatz schien für eine erste Untersuchung der unterstellten Modellstruktur durchaus ausreichend, da es noch nicht um besonders präzise quantitative Prognosen, sondern um eine grobe Abschätzung der Modelldynamik ging.

Das geschätzte Modell wird in Tabelle 3.2 wiedergegeben. Bevor auf die einzelnen Gleichungen eingegangen wird, muß aber nochmals die Frage der Stabilität dieses Simulationsmodells angeschnitten werden. Für die in Tabelle 3.2 angegebenen, geschätzten Parameter erweist sich das Modell - unter Verwendung der Ergebnisse von Kapitel 3.3 - als instabil. Die Instabilität ist jedoch in den ersten Perioden so schwach, daß Prognosen über einen mittelfristigen Zeitraum (bis zu fünf Jahren) dennoch plausible Werte liefern. Es läßt sich auch der Schluß des vorhergegangenen Kapitels leicht verifizieren: Wenn man die in Tabelle 3.3 angegebenen, ökonomisch sinnvollen, aber gegenüber Tabelle 3.2 etwas modifizierten Parameterwerte verwendet, so wird das Modell dynamisch stabil.

Die Stabilitätseigenschaften eines Modells sind zweifellos von großer theoretischer Bedeutung. Was aus der Instabilität eines Modells geschlossen werden muß, ist andererseits nicht eindeutig geklärt. Nimmt man an, das postulierte Modell bilde das Verhalten der Volkswirtschaft über einen äußerst "langen" Zeitraum, eine gegen Unendlich strebende Periodenanzahl, ab, so ist die Beschäftigung mit instabilen Modellen hinfällig. Wichtige endogene Variablen hätten sich dann nämlich gegen Ende des Beobachtungszeitraums bereits den ökonomisch unsinnigen Werten positiv oder negativ Unendlich genähert. Da die empirisch beobachtbaren Größen das nicht tun, muß ein solches Modell daher immer so angenommen werden, daß es stabil ist[23].

Tabelle 3.2 Das Simulationsmodell Tandem-T

(In den Klammern: t-Werte)

<u>Gütermarkt</u>

Geschätzte Gleichungen:

$$[1]\quad \ln Y_t = \underset{(14.25)}{0.285} \ln (cu_t K_t) + \underset{(9.59)}{0.191}\, KRD_t + \underset{(14.25)}{0.715}\, L_t$$

$$[2]\quad \ln C_t = \underset{(4.69)}{-2.079} + \underset{(35.29)}{1.106} \ln Y_t$$

$$[3]\quad \ln IR_t = \underset{(48.69)}{12.14} + \underset{(1.46)}{1.0227} (\ln Y_t - \ln Y_{t-1}) - \underset{(1.57)}{0.04883} (\ln r_{t-1} - \ln w_{t-1})$$

$$[4]\quad \ln IRD_t = \underset{(28.73)}{7.0225} - \underset{(2.42)}{0.998} (\ln Y_t - \ln Y_{t-1}) - \underset{(14.30)}{0.217} (\ln r_{t-1} - \ln w_{t-1}) - 1 \cdot (0.998 (\ln Y_{t-1} - \ln Y_{t-2}) + 0.217 (\ln r_{t-2} - \ln w_{t-2}))$$

$$[5]\quad \ln G_t = \underset{(4.36)}{-7.618} + \underset{(11.61)}{1.4336} \ln Y_{t-1}$$

Annahmen:

[4] $\alpha_{4,4} = 1$
[6] $\alpha_{6,1} = 0.975$
[7] $\alpha_{7,1} = 0$

<u>Arbeitsmarkt</u>

Annahmen:

Nominale Löhne sind nach unten rigide.

Tabelle 3.2 (Fortsetzung)

<u>Löhne und Preise</u>

Geschätzte Gleichungen:

[9] $\ln P_t = \ln P_{t-1} + \underset{(1.593)}{0.0184} \ln P^M_t + \underset{(10.37)}{0.7899} (\ln w_t - \ln w_{t-1}) -$

$- \underset{(1.30)}{0.212} ((\ln Y_{t-1} - \ln L_{t-1}) - (\ln Y_{t-2} - \ln L_{t-2}))$

[10] $\ln w_t = \ln w_{t-1} + \underset{(1.20)}{0.0824}(\ln L_t - \ln L^S_t) + \underset{(8.91)}{1.0536} (\ln P_{t-1} - \ln P_{t-2}) +$

$+ \underset{(3.67)}{0.749} ((\ln Y_{t-1} - \ln L_{t-1}) - (\ln Y_{t-2} - \ln L_{t-2}))$

Tabelle 3.3 Ein stabiles Modell des Typs Tandem-T

Gütermarkt

[1] $\ln Y_t = 0.89 \ln (cu_t K_t) + 0.191\, KRD_t + 0.11\, L_t$

[2] $\ln C_t = -2.079 + 1.106 \ln Y_t$

[3] $\ln IR_t = 10 + 0.8(\ln Y_t - \ln Y_{t-1}) - 0.03(\ln r_{t-1} - \ln w_{t-1})$

[4] $\ln IRD_t = 5 - 1.2(\ln Y_t - \ln Y_{t-1}) - 0.03(\ln r_{t-1} - \ln w_{t-1}) -$
$- 1.2\,(1.2(\ln Y_{t-1} - \ln Y_{t-2}) + 0.03(\ln r_{t-2} - \ln w_{t-2}))$

[5] $\ln G_t = -7.618 + 1.4336 \ln Y_{t-1}$

[6] $\alpha_{6,1} = 0.025$

[7] $\alpha_{7,1} = 0$

Löhne und Preise

[9] $\ln P_t = \ln P_{t-1} + 0.0184 \ln P^M{}_t + 0.7899\,(\ln w_t - \ln w_{t-1}) -$
$- 0.212\,((\ln Y_{t-1} - \ln L_{t-1}) - (\ln Y_{t-2} - \ln L_{t-2}))$

[10] $\ln w_t = \ln w_{t-1} + 0.0824(\ln L_t - \ln L^S{}_t) + 1.0536\,(\ln P_{t-1} -$
$- \ln P_{t-2}) + 0.749\,((\ln Y_{t-1} - \ln L_{t-1}) -$
$- (\ln Y_{t-2} - \ln L_{t-2}))$

Nimmt man hingegen an, daß ein ökonomisches Modell die abgebildete Realität nur für eine endliche Anzahl von Perioden annähernd beschreiben muß, so können auch instabile Modelle durchaus sinnvoll eingesetzt werden. Der zugrundeliegende methodologische Unterschied zum ersten Ansatz ist signifikant und kann nicht so interpretiert werden, daß instabile Modelle einfach schlechtere und daher nur für kürzere Zeiträume verwendbare theoretische Konstrukte sind. Zunächst ist zwar festzuhalten, daß in der Tat die Geschwindigkeit, mit der die Variablen gegen Unendlich streben, relativ zur betrachteten Zeitperiode zu sehen ist, daß also ein "langsam" instabiles Modell von einem "langsam" stabilen Modell von der Prognosequalität her nicht zu unterscheiden ist. Der tieferliegende Gedanke ist jedoch, daß die Entwicklung bestimmter Größen in ökonomisch immer schwerer rechtfertigbare Bereiche, wie sie ja bei instabilen Modellen auftritt, auch als Hinweis auf qualitative Änderungen der Modellstruktur *zu diesem prognostizierten Zeitpunkt* interpretiert werden kann. Instabile Modelle bilden daher eine Wirklichkeit ab, die selbst instabil ist, das heißt, eine, in der Zusammenhänge zwischen den relevanten ökonomischen Größen nur für einen begrenzten Zeitraum gültig sind und am Ende dieses Zeitraums durch neue Beziehungen, in denen eventuell sogar neue Variable auftreten, ersetzt werden. Die Entstehung dieser neuen Relationen und Variablen wird dabei durch die Erreichung von Schwellwerten der alten, instabilen Größen induziert. Damit kann aber das instabile Modell Hinweise auf diese qualitativen Änderungen geben. Der instabile Charakter des vorliegenden Modells für Deutschland ist allerdings zu schwach, um eine solche, weitergehende Interpretation in diesem Fall zu ermöglichen. Die instabilen Zeitpfade der wichtigsten Größen weisen in unseren Experimenten Oszillationen von der Länge der üblichen Konjunkturzyklen auf, die nur sehr langsam stärker werden. Für einen Zeithorizont von fünf bis zehn Jahren, eine mittelfristige Prognose, ist eine derartig schwache Instabilität bedeutungslos.

Die Schätzungen selbst sind, wie die in Klammern unter den Koeffizienten angegebenen t-Werte zeigen, fast durchwegs signifikant und weisen das erwartete Vorzeichen auf. Einzelne insignifikante Werte wurden in Kauf genommen, um die geschlossene theoretische Fundierung des Modells erhalten zu können.

Die Produktionsfunktion (Gleichung [1]) wurde unter der Restriktion, daß die Summe der Outputelastizitäten von Arbeit und Kapital gleich Eins sein muß, geschätzt. Damit sollte sichergestellt werden, daß technischer Fortschritt auch tatsächlich dem Produktionsfaktor "Kapitalstock an technischem Wissen" (KRD) zugeschrieben wird, steigende Skalenerträge (eine Summe der Outputelastizitäten größer Eins) auf die Outputelastizität des technischen Wissens zurückgehen. Die geschätzten Parameter sind alle hoch signifikant und ökonomisch plausibel. Insbesondere entspricht das Verhältnis der Outputelastizitäten von Kapital und Arbeit in etwa der Einkommensverteilung, ein Ergebnis, das die neoklassische Verteilungstheorie zu bestätigen scheint[24]. Die Outputelastizität der Forschungsausgaben liegt bei 19 %, eine Erhöhung des Bestandes an technischem Wissen hätte demnach eine Erhöhung des Outputs um 0,19 % zur Folge. Für die Bestimmung des Bestandes an technischem Wissen zu Beginn des Beobachtungszeitraumes wurde angenommen, daß das Verhältnis von Kapitalstock im Jahre 1970 zur Summe der Investitionsausgaben von 1970 bis 1988 gleich ist dem Verhältnis des F&E Kapitalstocks 1970 zu der Summe der F&E Ausgaben 1970 bis 1988.

Gleichung [2] ist die Konsumfunktion. Die Konstante ist erwartungsgemäß negativ und signifikant. Entlogarithmiert bedeutet das bei einer Outputelastizität von Eins eine Konsumneigung kleiner Eins. Durch die Outputelastizität größer Eins wird die von Einkommensänderungen induzierte Konsumänderung aber hauptsächlich nicht-linear erklärt. Auch der zweite Koeffizient ist gut abgesichert.

Aus statistischer Sicht weniger befriedigend ist die Schätzung der Investitionsfunktion für reguläre Investitionen (Gleichung [3]). Sowohl der Koeffizient für den Akzelerator als auch jener für den Einfluß der relativen Faktorpreise sind nicht signifikant. Die Richtung des Einflusses stimmt jedoch: Erhöhtes Volkseinkommen bewirkt entprechende Kapitalstockanpassung während eine Verteuerung des Kapitals, höhere Zinsen, gegenüber den Löhnen zu geringeren Investitionen führt.

Die Koeffizienten der Investitionsfunktion für F&E sind hingegen alle signifikant. Während reguläre Investitionen der Entwicklung des Volkseinkommens folgen - wir haben das als Kapitalstockanpassung an eine gestiegene Nachfrage bei kurzfristig als konstant antizipiertem Kapitalkoeffizienten interpretiert - reagieren die Forschungsinvestitionen antizyklisch. Sie werden getätigt, um in der Krise, bei schwachem Wachstum, verstärkt Produktivitätsfortschritte zu erzielen. Da es sich bei der Planung von Forschungsausgaben um längerfristig angelegte Unternehmensentscheidungen handelt, müssen auch die Wachstumsraten der Vorperiode berücksichtigt werden, um eine bessere Anpassung an langfristige Trends zu erzielen. Letzteres gilt auch für den Einfluß der relativen Faktorpreise, die ansonsten analog zu den regulären Investitionen auch die Forschungsausgaben beeinflussen. Die größere Elastizität der Forschungsinvestitionen könnte ein Hinweis darauf sein, daß gestiegene Lohnkosten zunächst nicht so sehr zu Einschränkungen bei den durch entsprechende Nachfragezuwächse gerechtfertigten Erweiterungsinvestitionen führen, sondern eher zu Anstrengungen um Rationalisierung, um technischen Fortschritt.

Die Staatsausgaben folgen der Entwicklung des Volkseinkommens, weisen jedoch eine Elastizität auf, die um einiges größer als Eins ist (Gleichung [5]). Darin spiegelt sich auch in unserer Formulierung der stete Zuwachs des öffentlichen Sektors in wachsenden Wirtschaften. Beide Schätzkoeffizienten sind gut gesichert.

Für die Stärke des Einflusses verzögerter Größen auf die Forschungsausgaben, ausgedrückt durch den Parameter $\alpha_{4,4}$, wurde angenommen, daß diese mit demselben

Gewicht eingehen wie die entsprechenden laufenden Größen ($\alpha_{4,4} = 1$). Eine Schätzung dieses Parameters in Gleichung [4] stieß auf Schwierigkeiten, legte jedoch den angenommenen Wert von Eins nahe. Die Annahme der Abschreibungsrate von 2,5% für den regulären Kapitalstock ($\alpha_{6,1}$) erfolgte aus Gründen der Vereinfachung und entspricht den langfristig, empirisch beobachteten Raten. Für das technische Wissen ($\alpha_{7,1}$) wurden keine Abschreibungen angenommen. Des weiteren wurde einer klassisch keynesianischen Annahme Rechnung getragen, die davon ausgeht, daß die Existenz von Gewerkschaften eine Senkung der Nominallöhne unmöglich macht. Sollte die Mechanik des Modells, und hier insbesondere die Lohngleichung [10], eine Lohnsenkung verlangen, so wird diese *nicht* eintreten, sondern alle anderen anderen Größen müssen die dadurch entstehende Anpassungslast tragen.

Die geschätzte Preisgleichung weist als signifikanten Einfluß vor allem die Löhne auf, untermauert also ein auf Aufschlagskalkulation basierendes Preissetzungsverhalten (Gleichung [9]). Interessanterweise deutet die Elastizität kleiner Eins darauf hin, daß dies nicht gänzlich gelingt. Darüberhinaus spielt für die Entwicklung der Inlandspreise auch der Importpreisindex eine große Rolle, der Parameter ist allerdings nicht signifikant. Der Einfluß der Produktivitätszuwächse ist ebenfalls ungesichert, weist jedoch das bereits in Kapitel 3.2 interpretierte, negative Vorzeichen auf. Ein 1-prozentiger Produktivitätsgewinn kommt den Konsumenten in einer Senkung der Inflationsrate um 0,2 Prozent (nicht Prozentpunkte !) zugute.

Die Lohngleichung (Gleichung [10]) ist statistisch gesehen etwas besser gesichert als die Preisgleichung. Der einzige insignifikante Koeffizient ist jener, der den Einfluß der Arbeitslosigkeit auf die Lohnentwicklung beschreibt; eine Abkoppelung, der die gute Lohnentwicklung der Beschäftigten bei einer unabhängig davon hartnäkkig hohen Arbeitslosigkeit zugrunde liegt. Es gelingt den Gewerkschaften auch ausgezeichnet, den Reallohn zu erhalten, Preisveränderungen können zur Gänze durch Lohnerhöhungen kompensiert werden. Der Schätzkoeffizient ist signifikant. Produktivitätszuwächse können allerdings nur teilweise mittels Nominallohnerhöhung lukriert werden. Nimmt man jedoch den preisdämpfenden Effekt in der Preisgleichung hinzu, so dürften die Produktivitätszuwächse im Beobachtungszeitraum 1970 bis 1988 einigermaßen verteilungsneutral weitergegeben worden sein. Das Problem der Arbeitsmarktpolitik besteht offensichtlich in den persistent hohen Arbeitslosenraten.

Das geschätzte Simulationsmodell wurde dazu verwendet, den Einfluß eines wirtschaftspolitischen Eingriffs zur Innovationsförderung zu untersuchen. Der Versuch bestand darin, die Unterschiede zwischen einer Basisprognose des Modells, bei der die oben beschriebenen Zusammenhänge vor dem Hintergrund eines Fortbestandes der momentan eher günstigen weltwirtschaftlichen Bedingungen fortgeschrieben werden, und einem Innovationsszenario herauszuarbeiten.

Tabelle 3.4 Staatliches Innovationsprogramm

Abweichungen vom Referenzlauf

(Beschäftigung in 1000 Personen, Arbeitslosenrate in Prozentpunkten, Preise als Indexpunkte, Löhne in DM, alle anderen in Millionen DM, Basis 1980)

	1989	1990	1991	1992	1993
Endogene Variable					
BIP	-10280	-9590	-9687	-18105	-17960
Konsum	-8364	-6255	-6108	-13015	-11480
Investition (regulär)	-2262	78	-69	-1781	-58
Investition (F&E)	17232	17442	17383	17857	17915
Beschäftigung	0	-180	-180	-454	-458
Arbeitslosenrate	0	0,7	0,71	1,77	1,78
Preisniveau	0	-0,4	-0,4	-1,4	-1,6
Löhne	0	-195	-108	-166	-330
Staatsausgaben	-16887	-20856	-20892	-21166	-24335

Tabelle 3.5 Staatliches Innovationsprogramm

Abweichungen vom Referenzlauf

(Unterschiede in Prozentpunkten der Wachstumsraten)

	1989	1990	1991	1992	1993
Endogene Variable					
BIP	-0,61	0,05	0	-0,47	-0,02
Konsum	-0,87	0,23	0,03	-0,68	0,16
Investition (regulär)	-0,78	0,81	-0,06	-0,6	0,62
Investition (F&E)	38,93	0,61	0,49	1,28	-0,29
Preisniveau	0	-0,3	0,01	-0,74	-0,15
Löhne	0	-0,52	0,23	-0,15	-0,41
Staatsausgaben	-4,33	-0,85	0,1	0,03	-0,66
Reallöhne	0	-0,21	0,22	0,58	-0,26

Die Entwicklung der Weltwirtschaft geht dabei durch die exogen gegebenen internationalen Zinssätze sowie durch den Importpreisindex ein. Die Zinssätze beschreiben von 1988 bis 1992 annahmengemäß einen Zyklus von 6,16% - 7% - 7,5% - 8% - 7,5%. Damit soll ein internationaler Konjunkturaufschwung bis 1992 beschrieben werden, der 1992 abflacht. Von den Importpreisen wird angenommen, daß keine außerordentlichen Schocks eintreten, sodaß ihr langfristiges Durchschnittswachstum von jährlich 3,89% fortgeschrieben werden kann. Kein sonderlicher Einfluß soll auch vom Arbeitsangebot ausgehen: der zuletzt beobachtete Anstieg von 0,64% zusätzlichem Angebot im Jahr 1988 gilt auch für alle Folgejahre. Die Kapazitätsauslastung folgt demselben Konjunkturmuster wie die Zinssätze: Für 1988 bis 1992 wird der Zyklus 86,73% - 90% - 90% - 90% - 85% - 80% durchlaufen. Alle diese Annahmen gelten sowohl für den Basislauf als auch für das Innovationsszenario.

Das Innovationsszenario war dadurch charakterisiert, daß der Staat einerseits die Ausgaben für Forschung und Entwicklung jährlich um ein Prozent des Bruttoinlandsproduktes der Vorperiode erhöht, andererseits aber eine zusätzliche Belastung des Budgets durch eine Senkung der Staatsausgaben im gleichen Ausmaß vermeidet. Eine solche "Initiative zur Innovationsförderung" erhöht somit jährlich den Kapitalstock an technischem Wissen, was wiederum zu Veränderungen der Zeitpfade aller relevanten makroökonomischen Größen führen muß. Da die starken Interdependenzen des Modells, man vergleiche Übersicht 4.1, in dem die wichtigsten Zusammenhänge qualitativ dargestellt werden, keine ad hoc Argumentation zulassen, ist es sinnvoll, die Effekte in mittel- und langfristige Auswirkungen zu zerlegen. Es muß nochmals betont werden, daß alle in der Folge gemachten Aussagen sich auf Unterschiede zum Basislauf beziehen. Die numerischen Resultate der Prognose sind in den Tabellen 3.4 und 3.5 zusammengefaßt.

Mittelfristig, über einen Zeitraum von sechs Jahren, reagiert die deutsche Wirtschaft (wie in Tandem-T dargestellt) auf das wirtschaftspolitische Innovationspaket folgendermaßen: Der erhöhte Kapitalstock an technischem Wissen führt bei vorgegebener Gesamtnachfrage zu einem geringeren Einsatz von Arbeit. Genau darin besteht ja auch der beabsichtigte Rationalisierungseffekt. Erhöhte Arbeitslosigkeit wirkt nun aber dämpfend auf die Nominallöhne, andererseits steigt aber bei gegebenem Output dadurch auch die Arbeitsproduktivität, die ja teilweise an die Löhne weitergegeben wird. Wie der Nettoeffekt auf die Löhne aussieht, wird noch dadurch kompliziert, daß bei einem Sinken der Löhne Arbeit gegenüber beiden Arten von Kapital billiger wird und die Investitionsnachfrage daher sinken muß. Das heißt aber, daß die Gesamtnachfrage sinkt und die Arbeitsproduktivität wieder ein wenig fällt, wodurch der ursprünglich angenommene Fall der Nominallöhne verstärkt wird. Bemerkenswert scheint auch, daß durch die Wirkung der relativen Faktorpreise und des abgeschwächten Wirtschaftswachstums die *privaten* F&E Ausgaben abnehmen, der staatliche Innovationsschub also zu Crowding-Out-Effekten führt. In unserem Modell ist der Nettoeffekt auf die Nominallöhne jedenfalls negativ. Das Sinken der Nominallöhne führt sodann zu einem Sinken der Preise, wenn auch nicht im gleichen Ausmaß. Selbst die Weitergabe eines Teils der gestiegenen Arbeitsproduktivität (soferne diese nicht bereits ohnehin durch den oben beschriebenen, gegenläufigen Effekt absolut gefallen ist) an die Preise läßt diese nur schwächer sinken als die Löhne: Es kommt zu einem leichten Fall der Reallöhne. Da nun der Konsum elastisch auf Einkommensänderungen reagiert und bedacht werden muß, daß die Erhöhung der F&E Ausgaben ja zur Gänze durch Einsparungen bei den Staatsausgaben kompensiert wird, fällt der restriktive Gesamteffekt auf das Bruttoinlandsprodukt recht stark aus: Im ersten Jahr tritt ein Wachstumsverlust (real) von mehr als einem halben Prozentpunkt auf.

Bei der vorangegangen Argumentation darf nie vergessen werden, daß diese Argumentationsketten, streng genommen, eine Pseudokausalität zum besseren Verständnis des Geschehens vortäuschen, die der Simultanität der Vorgänge unangemessen ist.

Einmal auf dem tieferen Wachstumspfad angelangt entwickelt sich die Modellwirtschaft des Innovationsszenarios in den nächsten beiden Jahren weitgehend parallel zum Basislauf. Steigende Nominallöhne, in denen die Effekte der Produktivitätsgewinne zu überwiegen beginnen, lassen Reallöhne und Investitionsnachfrage wieder wachsen. Bis auf die um 0,7 Prozentpunkte bleibend höhere Arbeitslosenrate scheint der Schock überwunden. Im Jahre 1992 schlagen jedoch die 1991 erreichten hohen Zinssätze verzögert auf die regulären Investitionen durch und verursachen dort einen Rückgang in derselben Größenordnung wie schon 1989. Wie schon drei Jahre zuvor ist auch diesmal ein schwererer Einbruch bei den elastisch reagierenden Konsumausgaben die Folge, was insgesamt einem Verlust an realem BIP-Wachstum von 0,47% entspricht. Im darauf folgenden Jahr erholt sich die Wirtschaft wieder und wächst etwa gleich schnell wie im Basisszenario. Wiederum ist allerdings zu beobachten, daß sich zwei wichtige Niveaus dauerhaft verschoben haben: Die Arbeitslosenrate liegt ab nun etwa 1,5% höher und der Konsum (und dadurch auch das Volkseinkommen) ist gegenüber dem Basisszenario merklich gesunken.

Die beschriebenen mittelfristigen Effekte erinnern in der Tat an die von Gewerkschaftsseite geäußerten Zweifel an einem forcierten Innovationsprogramm auf Kosten anderer Staatsausgaben. Die erhöhte Arbeitslosigkeit bei starren, oder sogar steigenden Reallöhnen ist typisch für eine Entwicklung zur sogenannten "Zweidrittelgesellschaft". Als vorteilhaften mittelfristigen Effekt kann das simulierte Innovationsszenario einzig den preisdämpfenden Einfluß der Produktivitätsgewinne für sich verbuchen.

Bei langfristiger Betrachtung bis zum Jahr 2009 fällt auf, daß deutlich drei Konjunkturen zu erkennen sind und der antyzyklische Charakter der F&E Ausgaben auch im Innovationsszenario erhalten bleibt (Abbildung 3.1 und 3.2). Damit bezieht unser Simulationsmodell auch in der langen Diskussion um den Zeitpunkt des Einsetzens der Innovationstätigkeit im Konjunkturzzyklus deutlich Stellung. Legt man die Schumpetersche Vierteilung des Konjunkturverlaufes in Aufschwung, Rezession, Depression und Erholung zugrunde[25], so findet nach der Meinung Mansfields (Mansfield 1983) Innovation am Ende der Erholungsphase, zu Beginn des Aufschwungs statt. Demgegenüber betont etwa Alfred Kleinknecht (Kleinknecht 1988), daß Innovationen schon zu Beginn der Erholungsphase erfolgen. Der in Abbildung 2.3 dargestellte Vergleich der absoluten Zuwächse des BIP mit den ebenfalls absolut gemessenen F&E Ausgaben bestätigt für alle drei Konjunkturzyklen die Kleinknechtsche Position. Die Innovationsausgaben beginnen bereits am unteren Wendepunkt der Konjunktur wieder zu steigen. In Schumpeters "Gleichgewichtspunkt", zu Beginn des Aufschwungs, ist die Innovationstätigkeit bereits voll im Gange. Diese Beobachtungen gelten für beide Szenarien. Der Vergleich der absoluten Zuwächse im Innovationsszenario wird in Abbildung 3.4 dargestellt.

Ebenfalls in beiden Szenarien ist deutlich sichtbar, daß die Forschungsausgaben wesentlich geringeren Schwankungen unterworfen sind als das BIP (Abbildung 2.3 und 2.4). Hier glättet unsere Formulierung der Investitionsfunktion für F&E die konjunkturellen Einflüsse, was ökonomisch gut durch die speziellen Erfordernisse der Forschungstätigkeit interpretiert werden kann.

Eine gewisse Rolle dürfte die Innovationspolitik jedoch für die Amplitude der Konjunkturschwankungen spielen: Die staatliche Forschungspolitik schwächt den Konjunkturverlauf ab (Abbildung 2.5). Eine naheliegende Interpretation wäre der bereits weiter oben erwähnte Crowding-Out-Effekt für Forschungsausgaben. Werden die konjunkturanfälligen, privaten Forschungsausgaben durch eine, fest an das BIP der Vorperiode gebundene Innovationsregel verdrängt, so erfolgt eine Verstetigung des Wachstumsprozesses. Letzteres kann als ein längerfristig wünschenswerter Effekt der staatlichen Forschungspolitik gewertet werden, der jedoch durch die in diesem Fall geringeren Wachstumsraten konterkariert wird. Daß dieses Ergebnis nicht bloß auf den niedrigeren Expansionspfad des Innovationsszenarios zurückzuführen ist, zeigt Abbildung 2.6, in der die Differenzen der Wachstumsraten von BIP und F&E Ausgaben in den beiden Szenarien verglichen werden. Offensichtlich übersteigt die Wachstumsrate des BIP jene der F&E Ausgaben im Innovationsszenario weniger stark als im Referenzfall: Konjunkturdämpfung ist eingetreten.

Die wesentlichen Ergebnisse unseres Simulationsexperimentes sind, daß bei einem budgetneutralen, staatlichen Innovationsprogramm, das sich am BIP des Vorjahres orientiert,

- die Forschungsausgaben ihren signifikant antizyklischen Verlauf beibehalten,
- das reale Wachstum des Bruttoinlandsproduktes gesenkt wird,
- die Arbeitslosigkeit in Schüben, die dem Konjunkturverlauf folgen, dauerhaft erhöht wird,
- die gestiegene Arbeitsproduktivität preisdämpfend wirkt und
- langfristig eine Abschwächung der Konjunkturen erfolgt (vergleiche auch Abbildung 2.7).

Bevor nun eine Erweiterung des Modells in Angriff genommen wird, ist es interessant zu untersuchen, ob in den Ergebnissen unseres Simulationsexperimentes Spezifika der Bundesrepublik Deutschland eine bestimmende Rolle spielen oder ob diese Resultate zu verallgemeinern sind. Zu diesem Zweck wurde das Modell auch für Österreich geschätzt.

Zyklischer Verlauf von Wachstum und Innovation
(Wachstumsraten in Prozent)

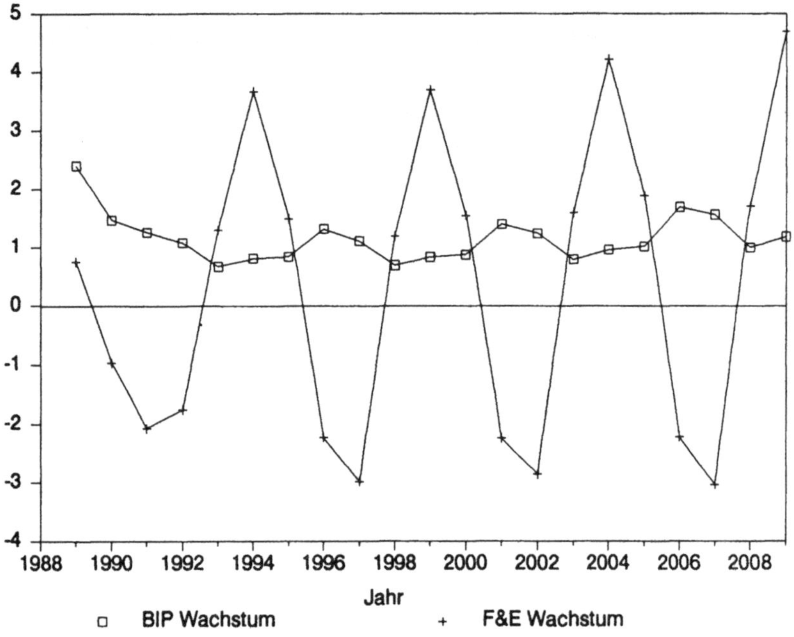

Abbildung 3.1 Referenzlauf

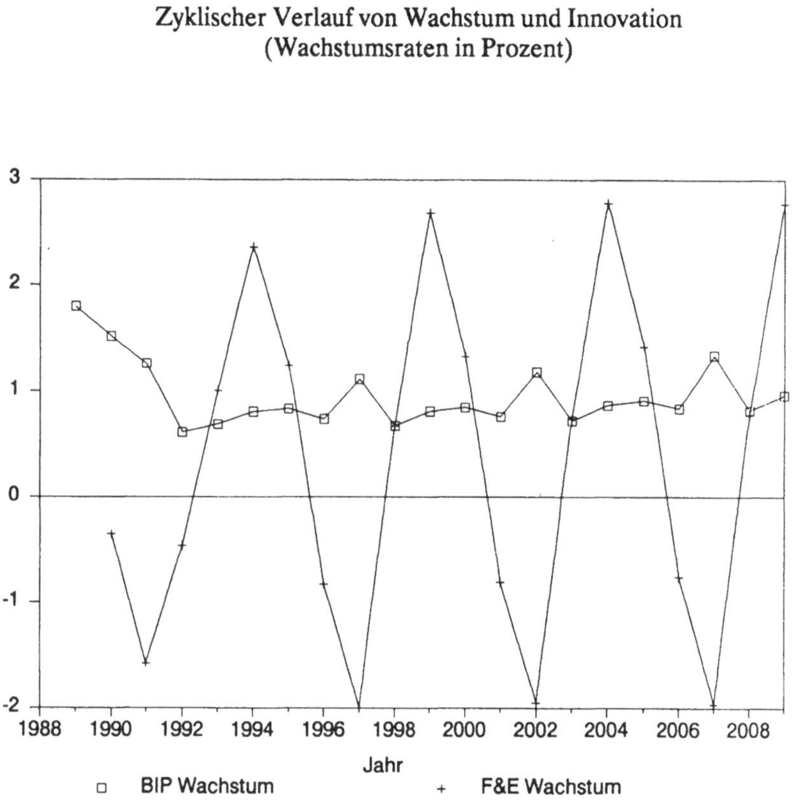

Abbildung 3.2 Staatliches Innovationsprogramm

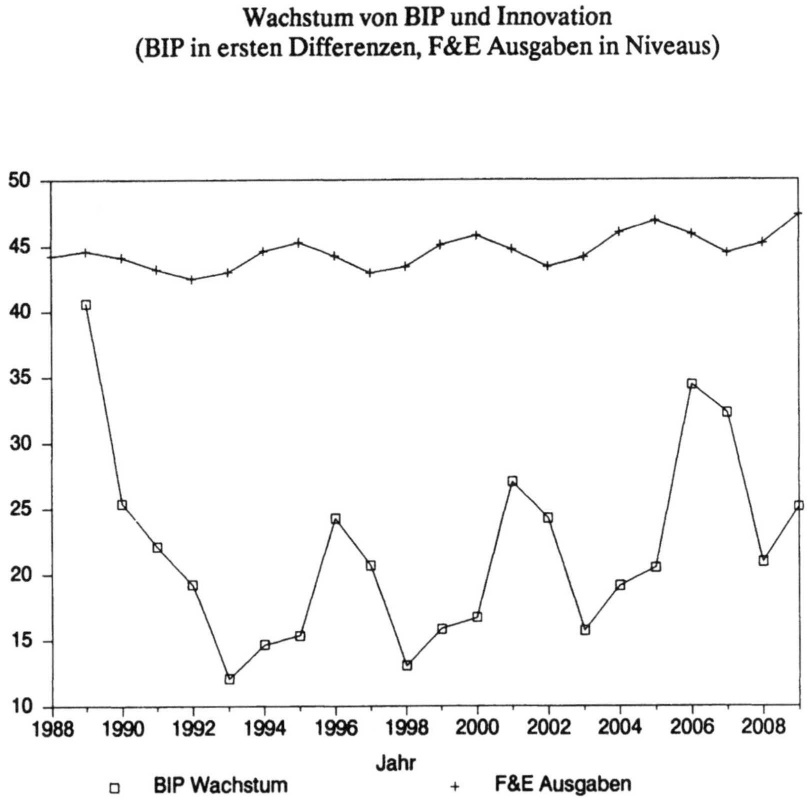

Abbildung 3.3 Referenzlauf

Wachstum von BIP und Innovation
(BIP in ersten Differenzen, F&E Ausgaben in Niveaus)

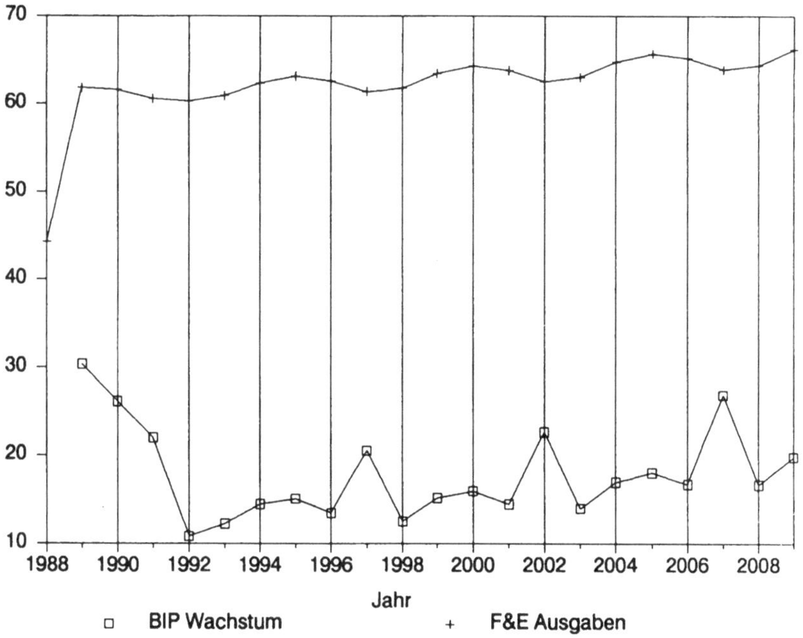

Abbildung 3.4 Staatliches Innovationsprogramm

Senkung des realen BIP- Wachstums
(Wachstumsraten in Prozent)

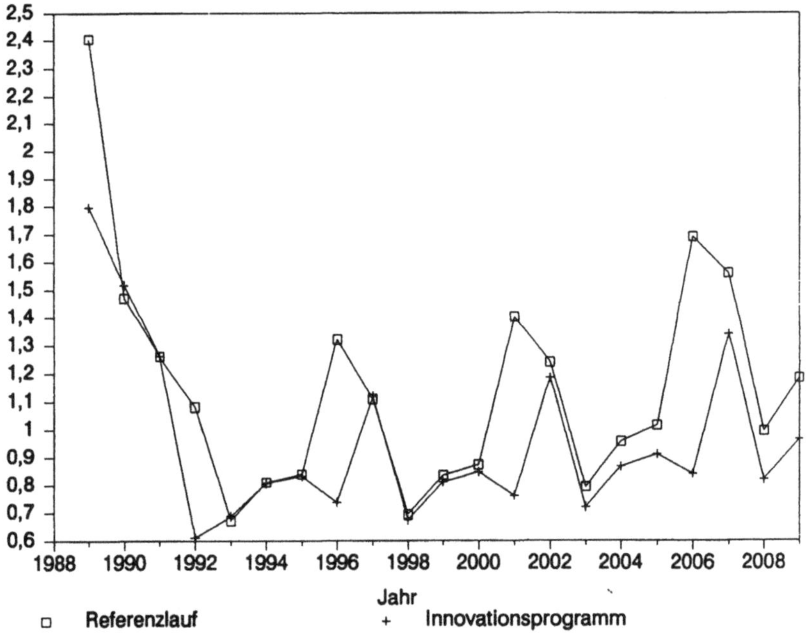

Abbildung 3.5 Vergleich der Szenarien

Konjunkturglättung durch Innovation
(Differenz der Wachstumsraten von BIP und F&E Ausgaben in Prozentpunkten)

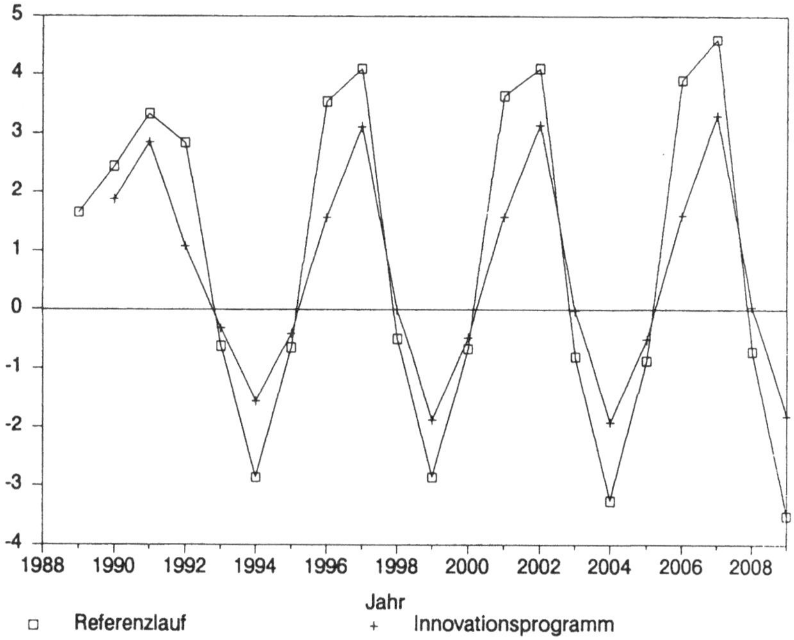

Abbildung 3.6 Vergleich der Szenarien

Mittelfristige Auswirkung auf wichtige Aggregate
(Differenzen zum Referenzlauf in Millionen DM bzw. in 1000 Personen)

BIP

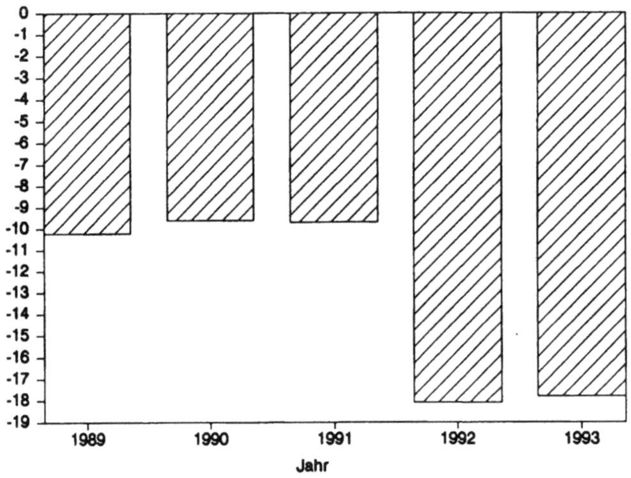

Beschäftigung

Abbildung 3.7 Staatliches Innovationsprogramm

Mittelfristige Auswirkung auf wichtige Aggregate
(Differenzen zum Referenzlauf in Millionen DM bzw. in 1000 Personen)

Investitionen in F&E

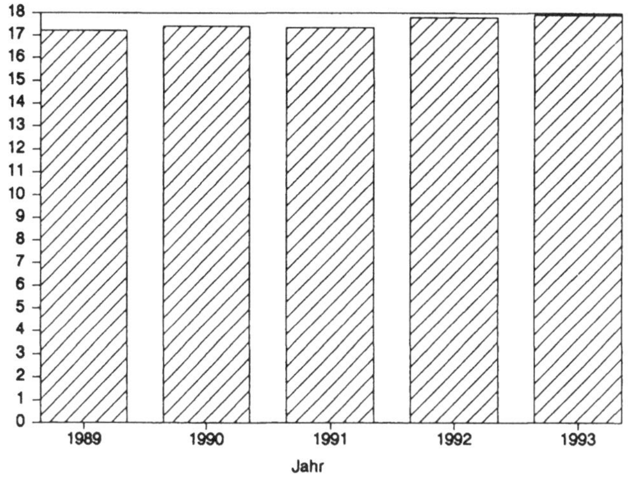

Reguläre Investitionen

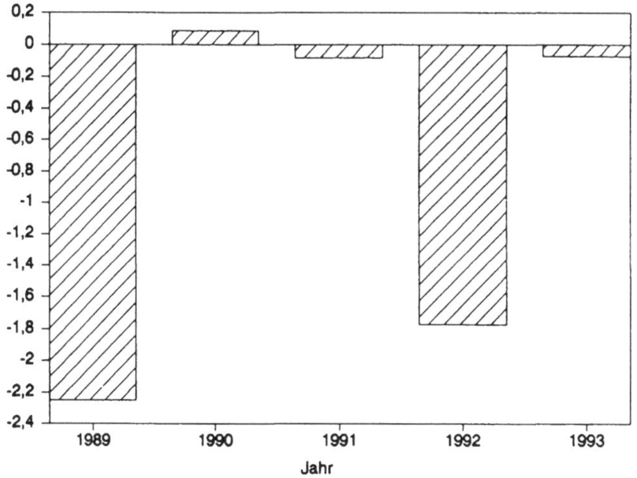

Abbildung 3.7 Staatliches Innovationsprogramm (Fortsetzung)

3.5 Kontrast BRD - Österreich

Analog zur Entwicklung eines Simulationsmodells der Bundesrepublik Deutschland im vorangegangenen Kapitel wurde versucht, auch für Österreich ein Modell des Typs Tandem-T zu schätzen[26]. Dabei stellte sich heraus, daß bis auf zwei Ausnahmen sämtliche Gleichungen geschätzt werden konnten. Darüber hinaus lieferten diese Schätzungen Ergebnisse, deren Vorzeichen mit denen des deutschen Modells übereinstimmten. Sie sind daher in derselben Weise ökonomisch zu interpretieren, wie schon dort geschehen. Von speziellem Interesse sind jedoch die Ausnahmen. Zu den folgenden Erläuterungen vergleiche man Tabelle 3.6.

Wenig problematisch scheint die Hinzunahme eines Trends in der österreichischen Staatsausgabenfunktion, durch die die Schätzqualität etwas verbessert werden kann. Die zusätzliche Erklärungskomponente verringert selbstverständlich die Elastizität bezüglich des Bruttoinlandsproduktes der Vorperiode. Das könnte so interpretiert werden, daß die Entwicklung der österreichischen Staatsausgaben stärker einer Eigendynamik folgt, als das in Deutschland der Fall ist[27].

Wesentlich gravierender ist die durch die Schwierigkeiten bei der Schätzung der Produktionsfunktion nötig gewordene Umformulierung der Arbeitsnachfragefunktion. In diesem Falle mußte eine neue Grundidee unterstellt werden, um überhaupt zu vernünftigen Ergebnissen zu kommen. Es wird postuliert, daß der Kapitalkoeffizient in Österreich langfristig konstant ist[28]. Die in Gleichung [2] in Tabelle 3.6 wiedergegebene Schätzung rechtfertigt diese Annahme in hohem Maße. Wenn dem aber so ist, so können in der invertierten Cobb-Douglas-Produktionsfunktion Output und regulärer Kapitalstock nicht zugleich als unabhängige Variable vorkommen. Gleichung [1] trägt dem Rechnung, da dort nur der aus Gleichung [2], also aus Kapitalstock und Kapitalkoeffizient errechnete Output eingeht. Die ökonomische Interpretation dieses Sachverhaltes könnte die eher komplementären statt substitutiven Beziehungen zwischen den Produktionsfaktoren darauf zurückführen, daß einerseits die Institution der Sozialpartnerschaft ein gleichmäßig erfolgendes Wachstum der für die Sozialpartner wesentlichen Variablen fördert und andererseits die Mittelbetriebsstruktur der österreichischen Wirtschaft auch aus sich heraus wenig flexibel und traditionellen Produktionsbeziehungen verhaftet reagiert.

Für alle anderen Beziehungen gilt jedoch, daß sie qualitativ den Ergebnissen für die Bundesrepublik Deutschland entsprechen. Der bemerkenswerte unterschiedliche Einfluß der Produktivitätszuwächse auf Preise und Löhne wie auch das Anspringen der Innovationstätigkeit in der Konjunktursohle[29] sind in beiden Ländern feststellbar, sind also nicht bloß Ausdruck der Eigenheiten des deutschen Datensatzes. Quantitativ lassen sich die Unterschiede der beiden Simulationsmodelle plausibel interpretieren:

Die Konsumfunktion (Gleichung [3]) reagiert in Österreich weniger elastisch auf Einkommensänderung, ebenso verliert im Vergleich zur Bundesrepublik Deutschland das Akzeleratormodell für die regulären Investitionen an Bedeutung (Gleichung [4]). Auf Preissignale der Produktionsfaktoren reagieren österreichische Investitionen jedoch stärker als ihre deutschen Gegenparts. Wenn die österreichische Wirtschaft auch auf Mengensignale vorsichtiger reagiert als die deutsche, so zwingt die relativ kleine Durchschnittsgröße der österreichischen Betriebe diese andererseits dazu, Preissignale bei Erweiterungsinvestitionen sehr ernst zu nehmen.

Der im Vergleich zu anderen Industriestaaten in Österreich besonders geringe Anteil der Forschungsausgaben am BIP reagiert allerdings auf Mengen- und Preissignale stärker und rascher als in der Bundesrepublik Deutschland (Gleichung [5]). Das weist, in Anbetracht der Tatsache, daß Innovationen sich in Tandem-T als ein Mittel zur Überwindung des konjunkturellen Tiefs herausstellten, auf eine schnelle, wenn auch im Ausmaß ungenügende Reaktion der österreichischen Wirtschaft auf Krisensituationen hin. Demgegenüber muß allerdings betont werden, daß im Forschungsbereich eine gewisse Beständigkeit der Anstrengungen und daher auch eine gewisse Insensibilität gegenüber kurzfristigen wirtschaftlichen Einflüssen längerfristig das einzig erfolgversprechende Konzept zu sein scheint. Unter diesem Gesichtspunkt wäre das Verhalten der deutschen Investoren dem der österreichischen überlegen.

Die Preisgleichung für Östereich (Gleichung [9]) zeigt eine stärkere Abhängigkeit von Importpreisen, schwächere Möglichkeiten der Überwälzung von Lohnerhöhungen auf die Preise und einen ausgeprägt geringeren Einfluß von Produktivitätsgewinnen als in der Bundesrepublik Deutschland. Für das Erstere muß wohl der große Importanteil des österreichischen Bruttoinlandsproduktes verantwortlich gemacht werden. Die zweite Abweichung vom deutschen Modell, die reduzierten Überwälzungsmöglichkeiten, beruht wohl wieder auf der stärkeren institutionellen Absicherung der Bekämpfung von Lohn-Preis-Spiralen in der spezifisch österreichischen Sozialpartnerschaft. Eine eigene, weitgehend außerhalb direkter staatlicher Einflußmöglichkeit liegende Institution, die "Paritätische Kommission", ist speziell mit der Kontrolle der Lohn-Preis-Dynamik befaßt. Der dritte auffallende Unterschied zu Deutschland, die wesentlich schwächere Weitergabe von Produktivitätsgewinnen in Form von Preissenkungen, mag daran liegen, daß in Österreich in vielen Bereichen die Annäherung an den Idealtypus des "Konkurrenzmarktes" noch weniger gegeben ist als in Deutschland. Hinzu kommt sicherlich wiederum der preisregulierende Einfluß korporativer Strukturen.

Tabelle 3.6 Das modifizierte Simulationsmodell Tandem-T für Österreich

(In Klammern : t-Werte)

Gütermarkt

geschätzte Gleichungen:

[1] $\ln L_t = \ln Y^*_t + \underset{(30.47)}{14.77} - \underset{(33.14)}{1.37}\, KRD_t$

[2] $Y^*_t = \underset{(154.27)}{0.2184}\, K_t$

[3] $\ln C_t = \underset{(3.29)}{-0.656} + \underset{(67.78)}{1.0057} \ln Y_t$

[4] $\ln IR_t = \underset{(26.09)}{9.889} + \underset{(0.57)}{0.741} (\ln Y_t - \ln Y_{t-1}) - \underset{(5.99)}{0.301} (\ln r_{t-1} - \ln w_{t-1})$

[5] $\ln IRD_t = 2.726 - 2.304 (\ln Y_t - \ln Y_{t-1}) - 0.564 (\ln r_{t-1} - \ln w_{t-1}) -$
$- 0.564 \cdot (2.304 (\ln Y_{t-1} - \ln Y_{t-2}) +$
$+ 0.564 (\ln r_{t-2} - \ln w_{t-2}))$

(5.07) (1.35) (0.91) (2.52)

[6] $\ln G_t = \underset{(2.79)}{9.68} + \underset{(0.49)}{0.13} \ln Y_{t-1} + \underset{(3.83)}{0.033} (t-1)$ (1965: t = 1)

Annahmen:

[7] $\alpha_{6,1} = 0.025$
[8] $\alpha_{7,1} = 0.05$

Tabelle 3.6 (Fortsetzung)

Arbeitsmarkt

Annahmen:

Nominale Löhne sind nach unten rigide.

Löhne und Preise

geschätzte Gleichungen:

[9] $\ln P_t = \ln P_{t-1} + \underset{(3.91)}{0.02736} \ln P^M_t + \underset{(13.26)}{0.6634} (\ln w_t - \ln w_{t-1})$ -

$- \underset{(0.17)}{0.019} ((\ln Y_{t-1} - \ln L_{t-1}) - (\ln Y_{t-2} - \ln L_{t-2}))$

[10] $\ln w_t = \ln w_{t-1} + \underset{(2.13)}{0.311}(\ln L_t - \ln L^S_t) + \underset{(6.14)}{0.79} (\ln P_{t-1} - \ln P_{t-2})$

$+ \underset{(11.00)}{1.197} ((\ln Y_{t-1} - \ln L_{t-1}) - (\ln Y_{t-2} - \ln L_{t-2}))$

Auch die Unterschiede in der österreichischen Lohngleichung lassen sich unschwer auf Besonderheiten der österreichischen Wirtschaft zurückführen. Die Stärke der österreichischen Gewerkschaften könnte als Argument für die vergleichsweise größere Reaktion der Löhne auf Arbeitsmarktungleichgewicht und Produktivitätszuwächse herangezogen werden. Insbesondere was letztere betrifft, so ist es erklärtes Ziel der österreichischen Sozialpartner, diese verteilungsneutral, also mit einer Elastizität von Eins, weiterzugeben. Wie die Schätzwerte zeigen, gelingt das außerordentlich gut , sodaß auch Einbußen bei der Überwälzung von Preiserhöhungen auf die Löhne im Sinne sozialpartnerschaftlicher Kooperation hingenommen werden können. Demgegenüber konzentriert sich die deutsche Gewerkschaftspolitik wesentlich mehr auf die an der Inflationsrate orientierte Erhaltung des Reallohns. Weder hohe Arbeitslosigkeit - derzeit etwa 2 Millionen Arbeitslose - noch Produktivitätszuwächse - so ein Zuwachs von 3,8% von 1987 auf 1988 - spielen offenbar eine vergleichbare Rolle.

Die geschätzten Koeffizienten für Österreich entsprechen von der Signifikanz dem eher mäßigen Niveau des deutschen Modells. Eine stärker ökonometrisch orientierte Studie hätte hier unsere etwas spekulativen Befunde erst zu erhärten. Zwar sind die Konsumfunktionen durchwegs gut gesichert, doch treten bei den Investitionsfunktionen bis auf die deutschen F&E-Investitionen überall insignifikante Koeffizienten auf. Die Staatsausgabengleichungen können zumeist einigermaßen befriedigend geschätzt werden. Die einzige wirklich gut gesicherte Gleichung der beiden Lohn-Preis-Systeme hingegen ist die österreichische Lohnfunktion. Die restlichen drei Verhaltensgleichungen können nur als bedingt akzeptabel gelten - sie vermitteln ein erstes Bild der möglichen Größenordnung der gesuchten Parameter. Entsprechend vorsichtig sind auch die ökonomischen Interpretationen der Schätzergebnisse und der im folgenden beschriebenen Simulationsläufe zu bewerten. Der explorative Charakter unserer Experimente sollte nicht aus den Augen verloren werden.

Das Szenario des Simulationsexperimentes mit dem österreichischen Modell wurde weitgehend analog zum in Kapitel 3.4 beschriebenen Experiment gewählt: Die exogen vorgegebenen Zinsprofile folgen demselben Konjunkturverlauf, das Arbeitsangebot wächst mit derselben konstanten Rate, auch die (im Strukturmodell implizit berücksichtigte) Kapazitätsauslastung folgt einem entsprechenden Konjunkturmuster. Wieder wurden zwei Simulationsläufe durchgeführt, ein Referenzlauf und ein wie im vorigen Experiment spezifizierter Lauf mit Innovationsschub.

Tabelle 3.7 Staatliches Innovationsprogramm - Österreich

Abweichungen vom Referenzlauf

(Beschäftigung in Personen, Arbeitslosenrate in Prozentpunkten, Preise als Indexpunkte, Löhne in Millionen ÖS, alle anderen in 1000 ÖS, Basis 1976)

	1989	1990	1991	1992	1993
Endogene Variablen					
BIP	-5514	-456	-7456	-1553	-7155
Konsum	-4511	-887	-5294	-2239	-5551
Investitionen (regulär)	-1260	618	-2227	908	-1669
Investitionen (F&E)	9686	9612	9882	9903	10131
Beschäftigung:	0	-69043	-65918	-135401	-127986
Arbeitslosenrate	0	2,3	2,18	4,45	4,18
Preisniveau	0	-1,8	0,7	-1	-1,1
Löhne	0	-313	142	-162	-162
Staatsausgaben	-9428	-9799	-9816	-10124	-10064

Tabelle 3.8 Staatliches Innovationsprogramm - Österreich

Abweichungen vom Referenzlauf

(Unterschiede in Prozentpunkten der Wachstumsraten)

	1989	1990	1991	1992	1993
Endogene Variablen					
BIP	-0,58	0,53	-0,71	0,6	-0,55
Konsum	-0,85	0,68	-0,8	0,55	-0,57
Investitionen (regulär)	-0,61	0,91	-1,4	1,53	-1,33
Investitionen (F&E)	76,66	-2,91	1,4	0,83	2,31
Preisniveau	0	-0,99	1,37	-0,92	-0,05
Löhne	0	-1,53	2,14	-1,4	0
Staatsausgaben	-4,9	-0,01	0,16	0,02	0,19
Reallöhne	0	-0,51	0,76	-0,48	0,06

Die Ergebnisse der beiden Läufe werden in den Tabellen 3.7 und 3.8 wiedergegeben. Tabelle 3.7 zeigt die Differenz zwischen Basislauf und Innovationsschub in absoluter Größe der jeweiligen Variablen an, während Tabelle 3.8 die Differenz zwischen den beiden jährlichen Wachstumsraten in Prozentpunkten angibt.

Qualitativ ergibt das Simulationsexperiment mittelfristig für Österreich - wie zu erwarten - ein ähnliches Ergebnis wie jenes für die Bundesrepublik Deutschland. Auch hier kommt es zu einer Senkung des Wachstumspfades des Bruttoinlandsproduktes, zu einer Erhöhung der Arbeitslosenrate in Schüben von zwei Jahren (was offensichtlich an der Verzögerungsstruktur des Modells liegt) und zu einer Senkung des Preisniveaus. Die Auswirkung auf die Reallöhne ist nicht eindeutig feststellbar. Während der Einbruch beim BIP-Wachstum in etwa gleicher Größenordnung erfolgt - mittelfristig geht zwischen 0.6% und 1% des BIP durch den Innovationsschub verloren - , ist die Auswirkung auf die Beschäftigung in Österreich etwa doppelt so stark wie in der Bundesrepublik. Das hat mit der unterschiedlichen Arbeitsnachfragefunktion zu tun und zeigt, daß für Prognosemodelle der österreichischen Wirtschaft ein dämpfender Mechanismus zwischen gewünschter Beschäftigung und politisch realisierbarer, tatsächlicher Beschäftigungsänderung eingebaut werden muß. In Tandem T wurde ein solcher Mechanismus zwar erprobt, der Zweck des Modells - das Sichtbarmachen der Modelldynamik - wird dadurch aber zugunsten einer ohnehin zweifelhaften Prognosegüte schlechter erreicht als bei einem harten Durchschlagen der Beschäftigungswünsche[30]. Der inflationshemmende Einfluß des Innovationsförderungsprogrammes ist in beiden Modellen schwach und trifft auf eine ohnehin weitgehend preisstabile Konjunkturlage, die "Erholungsphase". Die Ergebnisse sind graphisch in Abbildung 3.8 zusammengefaßt.

Langfristig zeigt das österreichische Modell wesentlich uneinheitlichere Konjunkturschwankungen als das deutsche (Abbildung 3.9). Dennoch läßt sich auch in diesem Fall ein leicht konjunkturglättender Einfluß des Innovationsprogrammes erkennen. Auch das österreichische Modell dürfte von einer schwachen langfristigen Instabilität gekennzeichnet sein[31]. Obwohl die kürzere und unregelmäßigere Periodizität des östereichischen Modells teilweise auf die Formulierung der Arbeitsnachfrage zurückzugehen scheint, so liegt doch die Interpretation nahe, daß es internationale Konjunkturen sind, die das österreichische Konjunkturmuster induzieren.

Will man auf diese Fragestellung eingehen, so ist es nötig die aggregierte Größe G des Modells Tandem-T in Importe, Exporte und Staatsausgaben zu zerlegen. Damit könnte auch ein gravierender Mangel der bisherigen Formulierung, nämlich die starke Abhängigkeit der Simulationsergebnisse von den Annahmen über die Entwicklung des Aggregates G, behoben werden. Die Modellierung einer offenen Wirtschaft wäre jedoch für jede empirische Fragestellung unbrauchbar, ginge sie nicht, zumindest in groben Zügen, auf die Mechanik internationaler Finanzströme ein. Jedes

Modell stellt eine Wahl der vom Designer als zentral erachteten Zusammenhänge dar. Für die Dynamik des technischen Fortschritts in offenen Wirtschaften erscheint uns die Berücksichtigung des Finanzsektors, auch wenn sie noch so stark stilisiert erfolgen muß, unerläßlich. Mit einer derartigen "exemplarischen Erweiterung" von Tandem-T zu einem Tandem-M ("M" für "monetär") beschäftigt sich der folgende Abschnitt.

Mittelfristige Auswirkung auf wichtige Aggregate für Österreich
(Differenzen zum Referenzlauf in Millionen ÖS bzw. in Personen)

BIP

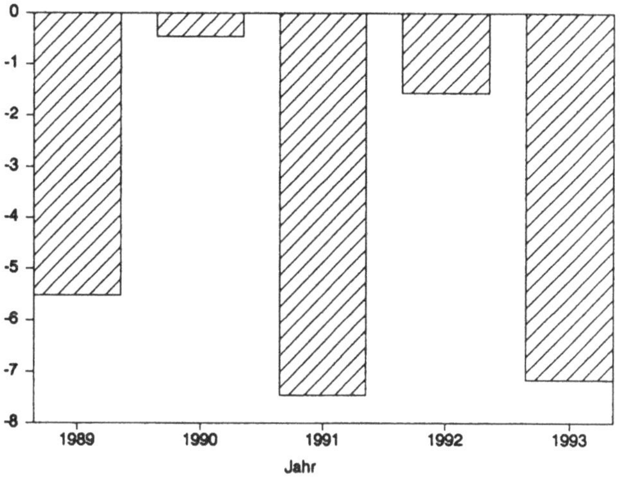

Beschäftigung

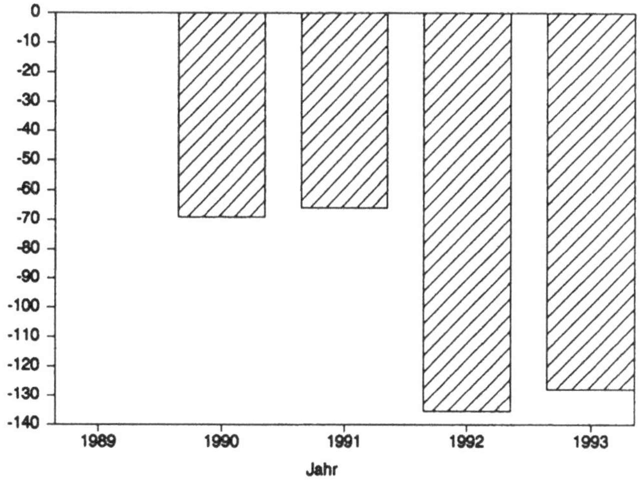

Abbildung 3.8 Staatliches Innovationsprogramm - Österreich

Mittelfristige Auswirkung auf wichtige Aggregate für Österreich
(Differenzen zum Referenzlauf in Millionen ÖS bzw. in Personen)

Investitionen in F&E

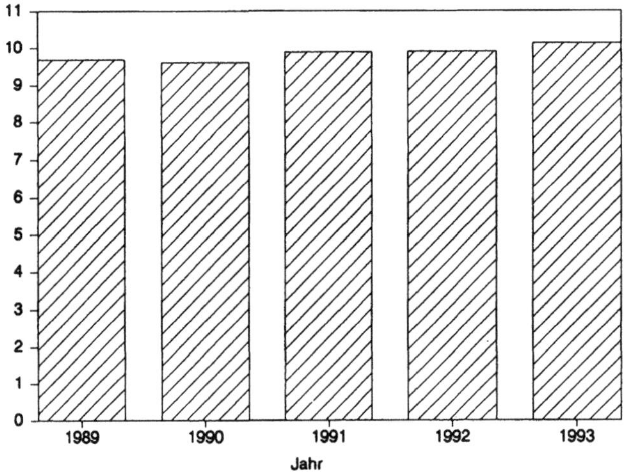

Reguläre Investitionen

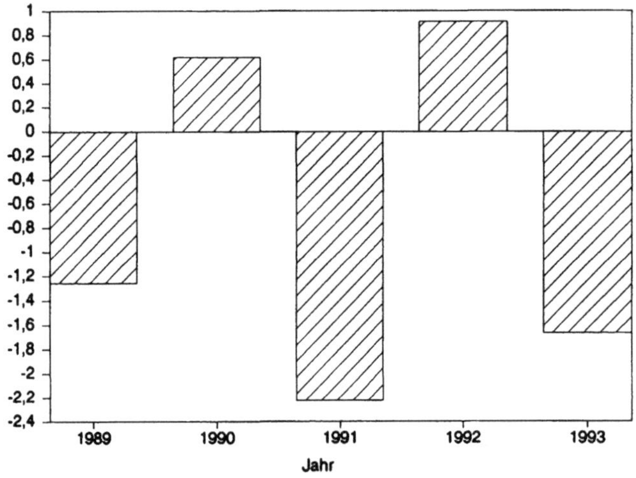

Abbildung 3.8 Staatliches Innovationsprogramm (Fortsetzung)

Senkung des realen BIP - Wachstums für Österreich
(Wachstumsraten in Prozent)

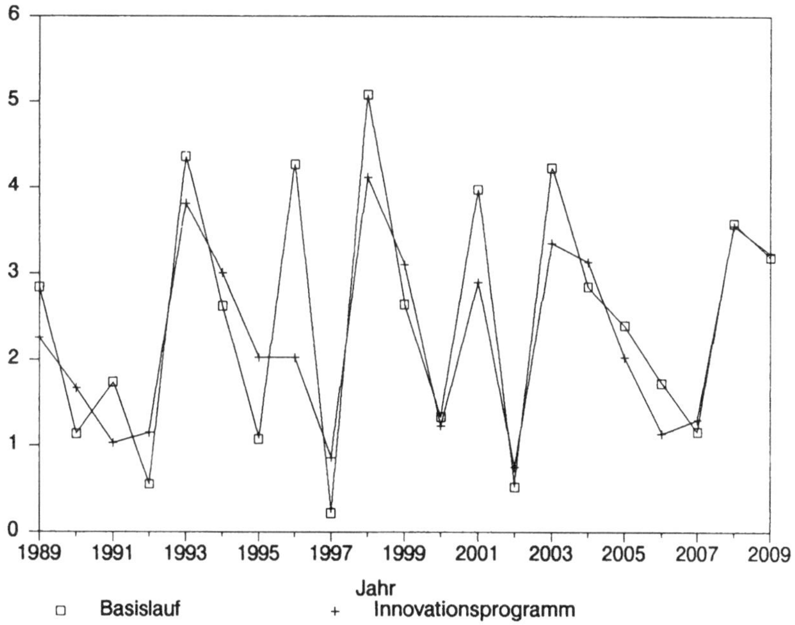

Abbildung 3.9 Vergleich der Szenarien - Österreich

4. Exemplarische Erweiterung

4.1. Erweiterung

Das Modell Tandem-T kann als Ausgangspunkt für eine ganze Reihe von Erweiterungen dienen. Da es trotz seiner Kompaktheit wesentliche Züge moderner Industriestaaten zu beschreiben vermag, eignet es sich als Grundbaustein eines modular aufgebauten Instrumentariums für die makroökonometrische Behandlung unterschiedlicher Fragenkomplexe. So könnte ein Modul "öffentlicher Sektor" für budgetpolitische Untersuchungen an Tandem-T ebenso angefügt werden, wie ein Modul "beschränkte Ressourcen" für ökologische Fragestellungen. Für unseren Schwerpunkt, die Innovationsforschung, erscheint uns vor allem der Ausbau in Richtung offene Wirtschaft und internationale Finanzströme von Bedeutung. Das durch diese exemplarische Erweiterung von Tandem-T entstehende Modell wird im folgenden als Tandem-M bezeichnet werden.

Ausgangspunkt unserer Überlegungen war der Gedanke, daß verstärkte Innovationstätigkeit in einem Land Mechanismen in Gang setzen wird, die seine internationale Wettbewerbsfähigkeit beeinflussen und die über verschiedene außenwirtschaftliche und monetäre Rückkoppelungsmechanismen die Innovationstätigkeit wieder beeinflussen. Wie der Einfluß erhöhter Innovationstätigkeit auf einzelne Größen ausfallen wird, läßt sich durch ad hoc Argumente nicht beantworten und erfordert daher die Durchführung von Simulationsexperimenten mittels eines ökonometrischen Modells.

Zwar könnte auch im erweiterten Modell Tandem-M eine analytische Stabilitätsuntersuchung wie im Kapitel 3.3 versucht werden, es ist aber äußerst unwahrscheinlich, daß nach dem Scheitern bei der Feststellung eindeutiger analytischer Stabilitätsaussagen im vergleichsweise einfachen Modell Tandem-T in Tandem-M solche Aussagen erzielbar sind.

Eine auf Tandem-T aufbauende Modellierung muß zunächst feststellen, ob die Elemente des Basismodells durch die geplante Erweiterung unverändert weiterverwendet werden können. Im vorliegenden Fall ist das für alle Verhaltensgleichungen möglich, es ist jedoch sinnvoll, sich die damit implizit getroffenen Annahmen vor Augen zu führen. So wird dadurch etwa für die Konsumfunktion angenommen, daß ihre Form und ihre Parameterwerte von dem nun endogenisierten Zinssatz unabhängig sind. Bei den Investitionen stellt sich die Frage, ob für offene Wirtschaften durch die Möglichkeit von Auslandsinvestitionen das Verhalten der inländischen Investoren nicht neu modelliert werden muß. Geschieht dies nicht, so heißt das, es wird angenommen, ein solcher Einfluß herrsche nicht. Eine unveränderte Übernahme der Arbeitsnachfragefunktion schließt die Möglichkeit der durch internationale Reallohndifferenzen verursachten Gastarbeiterbeschäftigung aus. Die Beibehaltung der Preisgleichung ohne direkte Berücksichtigung der in Tandem-M neu hinzugekommenen endogen bestimmten Geldmenge schließt sofort eine ganze Gruppe geldtheoretischer Preiserklärungen aus[32]. Für die Lohngleichung wäre denkbar, daß international bezahlte Löhne für die heimische Lohnbildung eine direkte Rolle spielen, was aber durch unsere Gleichung ausgeschlossen wird.

Wendet man sich den neu hinzugekommenen Gleichungen zu, so ist der einfachste Zugang jener über die Gleichgewichtsbedingung am Gütermarkt (Gleichung [0]). Man vergleiche in der Folge Tabelle 4.1 und 4.2. In der offenen Wirtschaft wird diese Bedingung um Importe und Exporte erweitert, eine Überschußnachfrage nach Gütern kann durch ein Außenhandelsdefizit ausgeglichen werden. Exporte und Importe sind jeweils durch weitere Verhaltensgleichungen zu modellieren.

Übliche Exportfunktionen weisen als Argumente meistens die Terms of Trade und das Bruttoinlandsprodukt des Handelspartners auf. Diese Bestimmungselemente sind auch bei uns zu finden (Gleichung [5]). Von den Terms of Trade, also dem Quotienten aus heimischem Preisniveau und dem Produkt aus Exportpreisindex mit Wechselkurs[33] (Gleichung [10]), wird erwartet, daß ihr Steigen Exporte erschwert, während ein wachsendes, ausländisches BIP für Exporteure günstig ist. Unsere Gleichung hat aber noch eine Besonderheit: Ein hoher Stand an technischem Wissen verbessert die Exportchancen direkt[34].

Die Importfunktion (Gleichung [6]) ist von konventioneller Bauart; wieder spielen die Terms of Trade und diesmal das inländische BIP die bestimmenden Rollen. Die Unterscheidungen zwischen unterschiedlichen Terms of Trade Daten für Importe und Exporte ist insbesondere aufgrund der beiden Ölpreisschocks im Untersuchungszeitraum nicht unwichtig. Importe müssen von den Terms of Trade theoretisch gleichsinnig beeinflußt werden: Eine Aufwertung, nach unserer Definition ein Fallen des Wechselkurses, erhöht die Terms of Trade und erhöht auch die Importe. Analog wirkt eine durch höhere inländische Preisstabilität erzeugte Verbesserung der Terms of Trade anregend auf die Importe.

Die Leistungsbilanz muß in Tandem-M nicht ausgeglichen sein (Gleichung [16]). Angesichts der stets zunehmenden Exportüberschüsse der Bundesrepublik Deutschland wäre jede andere Annahme nur in Modellen mit einem sehr langfristigen Zeithorizont zu rechtfertigen.

Tabelle 4.1 Modellgleichungen für Tandem-M

Gütermarkt

Gleichgewichtsbedingungen

[0] $Y_t = C_t + IR_t + IRD_t + G_t + EXP_t - IMP_t$

Verhaltensgleichungen und technische Beziehungen:

[1] $\ln Y_t = \alpha_{1,1} \ln (cu_t K_t) + \alpha_{1,2} KRD_t + \alpha_{1,3} L_t$
[2] $\ln C_t = \alpha_{2,1} + \alpha_{2,2} \ln Y_t$
[3] $\ln IR_t = \alpha_{3,1} + \alpha_{3,2} (\ln Y_t - \ln Y_{t-1}) - \alpha_{3,3} (\ln r_{t-1} - \ln w_{t-1})$
[4] $\ln IRD_t = \alpha_{4,1} + \alpha_{4,2} (\ln Y_t - \ln Y_{t-1}) + \alpha_{4,3} (\ln r_{t-1} - \ln w_{t-1}) +$
$+ \alpha_{4,4} (\alpha_{4,2} (\ln Y_{t-1} - \ln Y_{t-2}) + \alpha_{4,3} (\ln r_{t-2} - \ln w_{t-2}))$
[5] $\ln EXP_t = \alpha_{5,1} \ln TTX_t + \alpha_{5,2} \ln Y^*_t + \alpha_{5,3} KRD_t$
[6] $\ln IMP_t = \alpha_{6,1} \ln TTM_t + \alpha_{6,2} \ln Y_t$
[7] $\ln G_t = \alpha_{7,1} Y_{t-1}$
[8] $K_t = K_{t-1} + IR_t - \alpha_{8,1} K_{t-1}$

Definitionen:

[9] $KRD_t = KRD_{t-1} + IRD_t$
[10] $TTX = P_t / (P^X_t \cdot EXCH_t)$
[11] $TTM = P_t / (P^M_t \cdot EXCH_t)$

Arbeitsmarkt

Ungleichgewicht

[12] $U_t = L^S_t - L^D_t$

Verhaltensgleichungen und technische Beziehungen:

[1.1] $\ln L^D_t = (\ln Y_t - \alpha_{1,1} \ln (cu_t K_t) - \alpha_{1,2} KRD_t) / \alpha_{1,3}$

Tabelle 4.1 Modellgleichungen für Tandem-M (Fortsetzung)

Devisenmarkt

Ungleichgewicht

[13] $FE_t - FE_{t-1} = CUA_t + CAA_t + FEP_t$

Verhaltensgleichungen

[14] $CAA_t = \alpha_{14,1} (r_t - r^*_t) + \alpha_{14,2} (EXCH_t - EXCH_{t-1}) / EXCH_{t-1}$
[15] $FEP_t = \alpha_{15,1} EXCH_t + \alpha_{15,2} FE_{t-1}$

Definitionen:

[16] $CUA_t = EXP_t - IMP_t$

Geldmarkt

Gleichgewicht:

[17] $M^S_t = M^D_t$

Verhaltensgleichungen

[18] $\ln M^D_t = \alpha_{18,1} \ln Y_t + \alpha_{18,2} \ln r_t$
[19] $\ln M^S_t = \alpha_{19,1} \ln FE_t$

Löhne und Preise

Verhaltensgleichungen

[20] $\ln P_t = \ln P_{t-1} + \alpha_{20,1} \ln P^M_t + \alpha_{20,2} (\ln w_t - \ln w_{t-1}) + \alpha_{20,3} ((\ln Y_{t-1} - \ln L_{t-1}) - (\ln Y_{t-2} - \ln L_{t-2}))$

[21] $\ln w_t = \ln w_{t-1} + \alpha_{21,1} (\ln L_t - \ln L^S_t) + \alpha_{21,2} (\ln P_{t-1} - \ln P_{t-2}) + \alpha_{21,3} ((\ln Y_{t-1} - \ln L_{t-1}) - (\ln Y_{t-2} - \ln L_{t-2}))$

Tabelle 4.2 Modellgleichungen für Tandem-M

Variablenliste

Endogene Variablen:

C .... privater Konsum
CAA .... Kapitalverkehrsbilanz
CUA .... Leistungsbilanz
EXCH ... Wechselkurs
EXP ..... Exporte
FE ...... Devisenbestand
FEP ..... Interventionen am Devisenmarkt
G .... Staatsausgaben
IMP ..... Importe
IR ...... Investitionen
IRD ..... Investitionen in Forschung und Entwicklung
K .... Kapitalstock
KRD .... Kapitalstock in F&E (technisches Wissen)
L .... Beschäftigung
M^D ...... Geldnachfrage
M^S ...... Geldangebot
P .... BIP Deflator
r .... Zinssatz
r^T .... angestrebter Zinssatz
TTM .... terms of trade für Importe
TTX ..... terms of trade für Exporte
U .... Arbeitslose
w .... Lohnsatz
Y .... Volkseinkommen

Exogene Variablen:

cu .... Kapazitäts - Auslastung
L^S .... Arbeitsangebot
P^M ...... Importpreis Index
P^X .... Exportpreis Index
r^* .... Zinssatz (Ausland)
Y^* .... BIP der Exportpartner

Zugleich verursachen die Leistungsbilanzungleichgewichte entsprechende Störungen des Devisenmarktes (Gleichung [13]). Sie sind allerdings nicht der einzige Grund für Devisenströme. Wir berücksichtigen zwei zusätzliche Komponenten: die Ungleichgewichte der Kapitalverkehrsbilanz (CAA) und die Intervention der Zentralbank am Devisenmarkt (FEP). Sind daher zum Beispiel die Exporte größer als die Importe (CUA ist positiv), so erhöhen sich die Währungsreserven (FE).

Das Verhalten am Kapitalmarkt wird durch eine Verhaltensfunktion (Gleichung [14]) beschrieben. Die Gründe für Kapitalströme sind laut dieser Gleichung entweder in unterschiedlichen Zinssätzen im In- und Ausland oder in den Wechselkurserwartungen zu suchen. Übersteigt der inländische Zinssatz denjenigen des Auslands, so wollen ausländische Kapitalbesitzer Inlandswährung kaufen und bieten daher Devisen an: CAA wird positiv. Das theoretisch zu erwartende Vorzeichen des Koeffizienten vor dem zweiten Term der rechten Seite von Gleichung [14] ist allerdings ein Minus: Hat im letzten Jahr eine Aufwertung stattgefunden, der Wechselkurs ist gesunken, so wird auch für dieses Jahr eine weitere Aufwertung erwartet, der Kauf heimischer Währung zur Währungsspekulation bringt ein zusätzliches Devisenangebot. Dahinter verstecken sich zwei Annahmen. Zum einen die Annahme, das Publikum erwarte stets eine Fortschreibung des Trends, zum anderen die Unterstellung, Prognosen würden einfach durch Verwendung des Vorjahrswachstums erstellt. Gegen den ersten Punkt ließe sich einwenden, es gäbe Erwartungen eines sich langfristig immer wieder einspielenden "natürlichen" Wechselkurses[35]. Einer Kritik am zweiten Punkt könnte durch Verwendung raffinierterer Prognosemethoden Rechnung getragen werden. Die Wahl unserer Verhaltensfunktion war jedenfalls auch durch deren Einfachheit und breite Verwendung bestimmt[36].

Nun bleibt noch die Intervention der Zentralbank am Devisenmarkt zu besprechen (Gleichung [15]). Aus einer Vielzahl möglicher Formulierungen wurde hier eine möglichst einfache gewählt, die Driskill und McCafferty folgendermaßen rechtfertigen: "Of course a wide variety of intervention rules conceiveably could be relevant, but we focus on a linear rule that reflects concern for both exchange rate variance and reserve stock variance. Specifically we assume that the change in the stock of foreign assets held by the central bank is negatively related to the current exchange rate and to the foreign asset holdings last period, ... (Driscill/McCafferty 1985, S.85)

Devisen beeinflussen das heimische Geldangebot. Wie das im Detail vor sich geht, und mit welchen dazwischenliegenden monetären Größen ein ökonometrisches Modell diese Transmission schätzbar machen kann, übersteigt das Niveau an Präzision, das Tandem-M dieser Teilfrage gewähren kann. In Gleichung [19] wird der Transmissionsmechanismus einfach als Elastizität geschätzt. Änderungen des Geldangebotes werden dadurch auf einfache Art endogenisiert. Wünschenswert wäre an dieser Stelle selbstverständlich die Berücksichtigung der Geldpolitik der Zentralbank, doch auch hier haben die Schwierigkeit der Materie und die schlechten Ergebnisse der Schätzungen eine ausführlichere Modellierung verhindert.

Die Geldnachfragefunktion (Gleichung [18]) folgt den konventionellen Bestimmungsgründen der Spekulations- und Transaktionskasse. Im Gegensatz zu Arbeits- und Devisenmarkt sei der Geldmarkt stets im Gleichgewicht (Gleichung [17]). Damit läßt sich aus den Geldmarktgleichungen [17], [18] und [19] ein gleichgewichtiger Zinssatz endogen bestimmen, der als Preis des Kapitals in vielfältiger Form zu Rückwirkungen führt.

Die Komplexität dieses Modelles, das immer noch aus nicht mehr als 22 Gleichungen besteht, kann durch Übersicht 4.1 ein wenig veranschaulicht werden. Beachtenswert an dieser Abbildung ist, daß keine der möglichen Zielgrößen über nur einen einzigen Streckenzug von einem Instrument erreicht werden kann. Das Zuordnungsproblem der Makroökonomie, welches Ziel mit welchem Instrument angegangen werden soll, ist daher erst nach quantitativer Analyse der Beziehungen bearbeitbar.

Zu den drei in Kapitel 3.1 erwähnten Charakteristika von Tandem-T kommt mit Tandem-M ein viertes hinzu: der Block der Geld- und Devisenmärkte in einer einfachen offenen Wirtschaft.

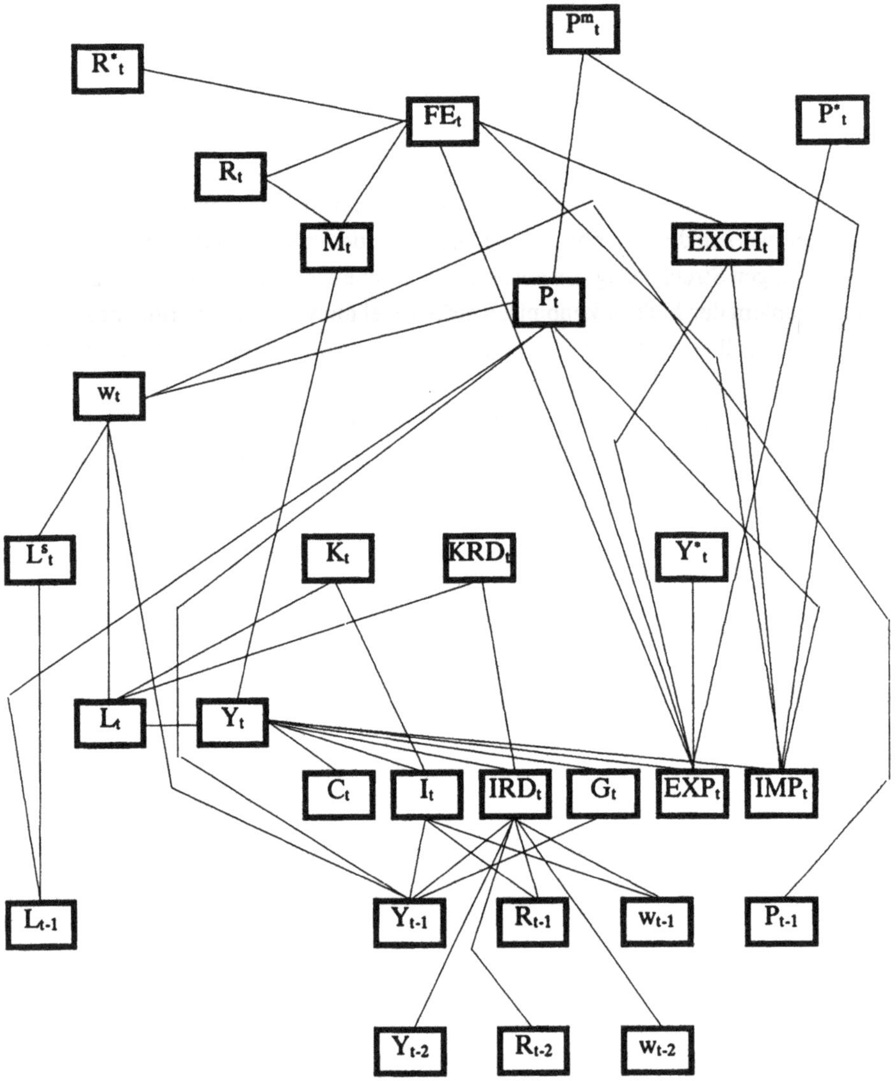

Übersicht 4.1 Wichtige Zusammenhänge in Tandem-M

4.2 Simulationsmodell

Die Schätzungen der in Tandem-M neu hinzugekommenen Gleichungen wurden ebenfalls als OLS-Einzelgleichungsschätzungen durchgeführt. Die Tabellen 4.3 zeigen das gesamte ökonometrische Simulationsmodell Tandem-M. Die Koeffizienten der neuen Gleichungen weisen alle die Vorzeichen auf, die aufgrund der im vorigen Kapitel angestellten theoretischen Überlegungen zu erwarten waren. Einige der Parameter des monetären Blockes sind allerdings nicht signifikant oder schwach gesichert.

Die Exportfunktion (Gleichung [5]) kann als eine gut gesicherte Verhaltensgleichung bezeichnet werden. Bemerkenswert ist die hohe Signifikanz des direkten Einflusses des technischen Wissens auf die Exporte. Als Kennziffer für die Entwicklung der ausländischen Wertschöpfung wurde das reale Bruttoinlandsprodukt des OECD-Raumes verwendet. Eine noch sorgfältigere Modellierung müßte eine Gewichtung der Bruttoinlandsprodukte der Haupthandelspartner mit den entsprechenden Exportanteilen vornehmen. Schwerwiegender als diese Verfeinerung wäre aber eine verbesserte Berechnung der Terms of Trade. In unseren Schätzungen verwenden wir ganz allgemein den Wechselkurs des US-Dollars als Näherung. Diese Approximation wäre durch eine Kennziffer für einen mit den Exportanteilen gewichteten Währungskorb der Haupthandelspartner zu ersetzen. Angesichts dieser Unzulänglichkeiten spricht die Signifikanz der geschätzten Beziehung für die Güte der getroffenen Vereinfachungen.

Die Importfunktion ist ebenfalls signifikant, die Einkommenselastizität der Importe liegt knapp unter Eins. Importe reagieren auf Änderungen der Terms of Trade stärker als Exporte. Damit zeigt die Leistungsbilanz bei einer ständig niedrigeren Inflationsrate als im Ausland ceteris paribus einen stetig steigenden Überschuß, - ein für die Bundesrepublik Deutschland typisches Bild.

Der Devisenmarkt kann sich gemäß unseres Konzepts stets im Ungleichgewicht befinden. Die Größe des Ungleichgewichtes kann empirisch als Änderung der Währungsreserven beobachtet werden. Ihre Ursachen gehen auf drei Komponenten zurück: die Leistungsbilanz, die Kapitalverkehrsbilanz und die Intervention der Zentralbank. Da sich empirisch nicht feststellen läßt, welchen Anteil an der Änderung der Reserven jede der drei simultan wirkenden Komponenten hat, kann nur eine Gleichung geschätzt werden, in der alle Motive für Devisenströme zugleich enthalten sind. Eine solche Formulierung ist Gleichung [13] aus Tabelle 4.2, wenn in die rechte Seite die folgenden Gleichungen [14], [15] und [16] eingesetzt werden.

Tabelle 4.3 Das Simulationsmodell

(In den Klammern: t-Werte)

Gütermarkt

Geschätzte Gleichungen:

$$[1]\ \ln Y_t = 0.285 \ln (cu_t K_t) + 0.191\, KRD_t + 0.715\, L_t$$

(14.25) (9.59) (14.25)

$$[2]\ \ln C_t = -2.079 + 1.106 \ln Y_t$$

(4.69) (35.29)

$$[3]\ \ln IR_t = 12.14 + 1.0227 (\ln Y_t - \ln Y_{t-1}) - 0.04883 (\ln r_{t-1} - \ln w_{t-1})$$

(48.69) (1.46) (1.57)

$$[4]\ \ln IRD_t = 7.0225 - 0.998 (\ln Y_t - \ln Y_{t-1}) - 0.217 (\ln r_{t-1} - \ln w_{t-1}) - $$
$$- 1 \cdot (0.998 (\ln Y_{t-1} - \ln Y_{t-2}) + 0.217 (\ln r_{t-2} - \ln w_{t-2}))$$

(28.73) (2.42) (14.30)

$$[5]\ \ln EXP_t = -0.15215 \ln TTX_t + 1.2961 \ln Y^*_t + 0.0974\, KRD_t$$

(4.34) (68.07) (8.23)

$$[6]\ \ln IMP_t = 0.27437 \ln TTM_t + 0.91171 \ln Y_t$$

(2.85) (399.26)

$$[7]\ \ln G_t = 0.88877\, Y_{t-1}$$

(1290.04)

Annahmen:

$$[4]\ \alpha_{4,4} = 1$$
$$[8]\ \alpha_{8,1} = 0.975$$

Arbeitsmarkt

Annahmen:

Nominale Löhne sind nach unten rigide.

Tabelle 4.3 Das Simulationsmodell (Fortsetzung)

Devisenmarkt

Geschätzte Gleichungen:

[14] $CAA_t = 9288\,(r_t - r^*_t) - 30179\,(EXCH_t - EXCH_{t-1}) / EXCH_{t-1}$

(3.42) (0.49)

[15] $FEP_t = -6200.6\,EXCH_t - 0.0645\,FE_{t-1}$

(0.69) (0.25)

Annahmen:
Untere Grenze für $EXCH_t$: 1.5

Eine trotz Intervention der Notenbank eintretende Änderung des Devisenbestandes um einen bestimmten Prozentsatz führt zu einer Änderung des angestrebten Wechselkurses um denselben Prozentsatz in der umgekehrten Richtung. Der tatsächliche Wechselkurs ist der arithmetische Mittelwert zwischen dem alten und dem angestrebten Wechselkurs. Die Intervention der Notenbank endet, wenn die Änderung der Währungsreserven kleiner als 20% ist.

Geldmarkt

Geschätzte Gleichungen:

[18] $\ln M^D_t = 0.92367 \ln Y_t - 0.32638 \ln r_t$

(111.03) (5.71)

[19] $\ln M^S_t = 1.0987 \ln FE_t$

(122.95)

Annahmen:
Beschränkte Anpassung von r_t :

[18.1] $\ln r^T_t = (0.92367 \ln Y_t - 1.0987 \ln FE_t) \;/\; 0.32638$
[18.2] $r_t = \min(r^T_t, (1.25 \cdot r_{t-1}))$
[18.3] $r_t = \max((5.5 + 0.6 \cdot (r_{t-1} - 5.5)), r^T_t)$

Untere Grenze für r_t : 5.5

Tabelle 4.3 Das Simulationsmodell (Fortsetzung)

Löhne und Preise

Geschätzte Gleichungen:

$$[20]\quad \ln P_t = \ln P_{t-1} + \underset{(1.593)}{0.0184} \ln P^M_t + \underset{(10.37)}{0.7899} (\ln w_t - \ln w_{t-1}) - $$

$$- \underset{(1.30)}{0.212} ((\ln Y_{t-1} - \ln L_{t-1}) - (\ln Y_{t-2} - \ln L_{t-2}))$$

$$[21]\quad \ln w_t = \ln w_{t-1} + \underset{(1.20)}{0.0824}(\ln L_t - \ln L^S_t) + \underset{(8.91)}{1.0536} (\ln P_{t-1} - \ln P_{t-2}) +$$

$$+ \underset{(3.67)}{0.749} ((\ln Y_{t-1} - \ln L_{t-1}) - (\ln Y_{t-2} - \ln L_{t-2}))$$

Zur übersichtlicheren Darstellung wurden die Schätzergebnisse in Tabelle 4.3 wieder in die zwei Gleichungen für Kapitalverkehrsbilanz und Devisenmarktintervention zerlegt (Gleichung [14] und [15]).

Die Formulierung des Devisenmarktes ist das statistisch am schwächsten abgesicherte Element des Modells. Einzig die aus Zinssatzdifferenzen zum Ausland abgeleiteten Finanzströme sind signifikant nachweisbar. Die Modellierung der Währungsspekulation leidet neben der bereits im vorigen Kapitel erwähnten vereinfachenden Annahme über den Erwartungsprozeß auch daran, daß Jahresmodelle derart schnellebige Märkte wie den Devisenmarkt prinzipiell schwer abbilden können.

Die Intervention der Nationalbank am Devisenmarkt läßt sich ohne Hinzunahme genauerer Annahmen über die damit einhergehende Geldpolitik nur schwer statistisch signifikant modellieren. Das "leaning against the wind behavior" dürfte in der Bundesrepublik Deutschland aber immer noch besser nachweisbar sein als die Beschränkung der Interventionspolitik durch den Währungsreservenbestand.

Die Geldnachfrage wird durch unsere Funktion (Gleichung [18]) gut beschrieben. Die Elastizität bezüglich des BIP von etwas weniger als Eins läßt auf ein Ansteigen der Umlaufgeschwindigkeit im Beobachtungszeitraum schließen. Für das Geldangebot scheint der Devisenbestand eine gute Kennziffer zu sein (Gleichung [19]): Die beiden Variablen scheinen sich beinahe proportional zu entwickeln. Als Geldmengenkonzept wurde wie in allen Modellen des Typs Tandem die Geldmenge M1 gewählt. Auch wenn in Wahrheit wesentlich kompliziertere Zusammenhänge zwischen Devisenbestand und Geldangebot bestehen, dürfte die vorgeschlagene Lösung eine legitime Vereinfachung des Transmissionsmechanismus sein.

Im Laufe der Simulationsstudien mit Tandem-M erwiesen sich einige zusätzliche, "pragmatische" Annahmen bezüglich der Beschränkung der Zinssätze und des Wechselkurses als sinnvoll. Die Aufwertung der DM gegenüber dem US-Dollar wurde für den Beobachtungszeitraum bei einem Wechselkurs von 1,5 beschränkt. Sollte die Modellmechanik Ungleichgewichte durch eine weitere Senkung des Wechselkurses verlangen, so ist dies nicht möglich. Die Anpassungslast wird auf andere Variablen verteilt. Analoges wurde für Zinsätze unter 5,5% angenommen. Schranken für einzelne Variablen, die letztlich aus nicht weiter begründeten, ökonomischen Plausibilitätsüberlegungen getroffen werden, führen Nichtlinearitäten in das Modell ein, die im durchgehend log-linearen Aufbau des Basismodells keinen Platz fanden.

Eine weitere Schwierigkeit entsteht dadurch, daß der Devisenmarkt ja stets durch die Änderung einer Bestandsgröße, des Devisenbestandes, ausgeglichen wird. Es ist daher nicht nötig, ja gar nicht möglich, den Preis der Devisen, den Wechselkurs, auf Signale des Devisenmarktes reagieren zu lassen. Im ursprünglichen Modell kann der Wechselkurs daher als exogen bestimmtes Instrument betrachtet werden, das einem eigenen wirtschaftspolitischen Ziel - etwa fixen Wechselkursen - zugeordnet sein kann. Unterstellt man aber, daß die Wahl des Wechselkurses ab einer gewissen Größe der Änderung der Währungsreserven, und zwar nach erfolgter Devisenmarktintervention, auch dem Zwecke der Stabilisierung des Devisenbestandes untergeordnet wird, so ergibt sich ein anderes Bild. Im Simulationsexperiment wurde eben diese Annahme getroffen: Überschreitet die Änderung des Devisenbestandes, nach Intervention der Zentralbank, einen gewissen Prozentsatz, so wird von der Zentralbank ein Wechselkurs angestrebt, der sich um denselben Prozentsatz jedoch in die andere Richtung verändert hat. So führt zum Beispiel eine Erhöhung des Devisenbestandes um einen, den Schwellwert überschreitenden Prozentsatz zu einer gewünschten Abwertung. Diese kann jedoch, so unsere Annahme, aufgrund der Trägheit des Systems nur zur Hälfte durchgeführt werden. Der neue Wechselkurs ist dann das arithmetische Mittel zwischen altem und angestrebtem Wechselkurs. Bleiben Fluktuationen der Währungsreserven innerhalb eines Toleranzspielraumes, so bleibt der Wechselkurs unverändert.

Diese Modellierung mag auf den ersten Blick kompliziert erscheinen. Sie ist aber unumgänglich, wenn das Modell in der Lage sein soll, sowohl Änderungen der Bestandsgröße Währungsreserven als auch Änderungen des Wechselkurses im selben Jahr und bei Anwendung von Interventionsregeln für Devisenmärkte abzubilden.

Die Interdependenz der Variablen von Tandem-M hat gegenüber Tandem-T stark zugenommen, immer mehr Kanäle verbinden die einzelnen Größen. Übersicht 4.1 vermittelt einen Eindruck von den wichtigsten Zusammenhängen. Keine wirtschaftspolitische Zielgröße kann nur auf einem einzigen Weg von einem Instrument aus erreicht werden. Das heißt aber, daß die oft gegenläufig wirkenden Verbindungen zwischen Instrumenten und Variablen nur bei quantitativer Spezifikation ihren Nettoeffekt enthüllen. Es kann also nur für jede Periode gesondert und nur unter Berücksichtigung des Kontextes, der Konstellation einer großen Zahl in den Transmissionsmechanismus involvierter Variablen, eine eindeutige Ziel-Mittel-Relation errechnet werden. Immer obsoleter wird daher die Vorstellung der Bekämpfung bestimmter wirtschaftlicher Mißstände mittels bestimmter Instrumente, immer relevanter das Konzept kontextgebundener Maßnahmenpakete.

Im folgenden Kapitel werden drei Beispiele möglicher Formen der Wirtschaftspolitik zur Innovationsförderung im Simulationsexperiment erprobt. Wie sich zeigt, ist es in der Tat das auf den gesamtwirtschaftlichen Kontext am meisten eingehende Maßnahmenpaket, das den besten Erfolg zeitigt. Mit diesem Beispiel wird auch dem etwas pessimistischen Ausklang von Abschnitt 3 wieder eine optimistischere Wendung gegeben: Innovationspolitik ist möglich, sie muß allerdings auf ihre Rahmenbedingungen bedacht nehmen.

4.3 Szenarien

Die Erfahrungen mit dem Simulationsmodell Tandem-T haben gezeigt, daß eine permanente Erhöhung der F&E Ausgaben seitens des Staates und auf Kosten anderer Ausgabenprogramme zu ernsten Wachstums- und Beschäftigungseinbußen führen kann. Einer der Gründe für die Entwicklung von Erweiterungen des Basismodells besteht darin, zu überprüfen, inwieweit diese negativen Auswirkungen auch in Modellen erhalten bleiben, die zusätzliche ökonomische Wirkungszusammenhänge berücksichtigen. Tandem-M ist ein Beispiel für eine solche Erweiterung. Die Auswirkungen von zusätzlichen F&E Ausgaben in Tandem-M werden durch drei verschiedene Szenarios getestet.

Das erste Szenario simuliert einen transitorischen Schock der Forschungsausgaben im Jahr 1989 (vergleiche Tabelle 4.4). In diesem Jahr werden die F&E Ausgaben um 1% des Bruttoinlandsproduktes der Vorperiode erhöht, die Staatsausgaben werden entprechend gekürzt. Danach kehren die Forschungsausgaben auf den durch ihre Investitionsfunktion bestimmten Pfad zurück. Eine solche Maßnahme kann als kurzfristiges Innovationsprogramm der Regierung gedeutet werden. Die F&E Ausgaben würden hierbei 1989 um etwa ein Drittel ihres üblichen Wertes erhöht.

Wie Abbildung 4.1 veranschaulicht führt die erhöhte Produktivität zu einem Beschäftigungseinbruch im Folgejahr zugleich werden jedoch dadurch auch die Exporte stimuliert. Letzteres schlägt sich in der Leistungsbilanz aber nicht sofort nieder, da die Erhöhung der Terms of Trade zu zusätzlichen Importen führt und die Exporte bremst. Die Verbesserung der Terms of Trade wird sowohl durch eine Änderung des Wechselkurses als auch durch ein gegenüber dem Ausland stabileres Preisniveau verursacht. Das Preisniveau wiederum fällt, da die Unternehmer Produktivitätsgewinne weitergeben. Aufwertung wird hingegen durch die Geschehnisse am Devisenmarkt induziert. Für die Löhne bedeutet der Technologieschub ebenfalls das Entstehen zweier einander entgegengesetzter Einflüsse: Einerseits dämpft die erhöhte Arbeitslosigkeit die Lohnentwicklung, andererseits werden Produktivitätsgewinne als Lohnerhöhungen weitergegeben. Von den Preisen gehen in diesem Jahr ebenfalls eher dämpfende Wirkungen aus. Der Nettoeffekt auf die Löhne ist schwach negativ, das Reallohnniveau bleibt kurzfristig konstant.

Mittelfristig ist allerdings ein Anstieg der Reallöhne zu beobachten. Der momentane Verlust an Beschäftigung dürfte mittelfristig etwas abklingen, schwache Wachstumsverluste sind aber auch mittelfristig nicht zu vermeiden. Die Entwicklung der Preise kehrt sich mittelfristig jedoch um, zusätzliche inflationäre Tendenzen führen nach fünf Jahren zu einer Erhöhung des Preisindex um $^1/_2$ Indexpunkt.

Tabelle 4.4 Modell Tandem-M (Einheiten wie in Tabelle 3.4)

Transitorischer Schock 1989 (relativ zur Basissimulation)

Jahr	BIP	%	Beschäftigung	%	Investitit. F&E	Investit. regulär	Leistungs-bilanz
88	0	0	0	0	0	0	0
89	0	0	0	0	16883	0	0
90	-195	-0,02	-92	0,37	7	-45	8
91	272	0,03	6	-0,02	-2	21	311
92	843	0,04	-69	0,27	-7	125	151
93	-1004	-0,1	-19	0,07	56	-138	-964

Permanenter Schock (relativ zur Basissimulation)

Jahr	BIP	%	Beschäftigung	%	Investit. F&E	Investit. regulär	Leistungs-bilanz
88	0	0	0	0	0	0	0
89	0	0	0	0	16883	0	0
90	-195	-0,02	-92	0,37	17050	-45	8
91	271	0,03	-86	0,34	17254	167	-369
92	-635	-0,05	-182	0,71	17270	-800	2931
93	2589	0,19	-130	0,51	17392	556	561

Kombinierter Schock (relativ zur Basissimulation)

Jahr	BIP	%	Beschäftigung	%	Investit. F&E	Investit. regulär	Leistungs-bilanz
88	0	0	0	0	0	0	0
89	41201	2,44	787	-3,12	15637	8308	-16908
90	-17385	-3,39	-415	1,64	15370	-12030	-24831
91	15608	1,92	236	-0,92	13372	402	-2052
92	21145	0,31	234	-0,91	12756	-2342	-5321
93	30448	0,5	450	-1,74	14787	-79	-10816

Die Leistungsbilanz beginnt sich nach anfänglich günstigerer Entwicklung verglichen mit dem Referenzfall schlechter als dieser zu entwickeln. Wie schon beim BIP zu beobachten war,könnte es sich hier um eine durch den transitorischen Schock erzeugte langfristig explodierende Schwingung handeln.

Ein Vergleich mit dem Simulationsexperiment mittels Tandem-T zeigt, daß die Reaktion von BIP und Beschäftigung gedämpfter ausfällt als dort, andererseits aber auch der dort als günstig gewertete inflationshemmende Effekt sich umkehrt. Es ist aber noch nicht klar, ob der Grund dieses Unterschiedes im neu hinzugekommenen monetären Block oder im vorübergehenden Charakter des Schocks zu suchen ist. Diese Frage kann erst mittels des zweiten Simulationslaufes behandelt werden.

Im zweiten Simulationslauf wird der zu Kapitel 3.4 analoge Schock, eine permanente Erhöhung der F&E Ausgaben um 1% des BIP des Vorjahres, durchgeführt. Die forcierten Forschungsausgaben werden durch Kürzung der Staatsausgaben finanziert. Das Ergebnis dieses Simulationsexperimentes "Permanenter Schock" geben Tabelle 4.4 und Abbildung 4.2 wieder.

Der negative und permanente Einfluß auf die Beschäftigung erfolgt, wie schon bei Tandem-T, in zwei Schüben. Das Ausmaß der Beschäftigungsverluste ist jedoch bedeutend geringer als in dem einfacheren und entsprechend "härter" reagierenden Basismodell. Das Zeitprofil des Beschäftigungsabbaus läßt darauf schließen, daß es die Art der Beeinflussung, der permanente Schock ist, der dafür verantwortlich ist.

Wie schon beim transitorischen Schock ist für den Unterschied im Bruttoinlandsprodukt eine Oszillation mit sich vergrößernder Amplitude erkennbar. Die Schwingungen sind schneller geworden, was sich auch anhand der regulären Investitionen zeigen läßt.

Da die Exporte von einer alljährlich vorgenommenen Erhöhung der Forschungsausgaben dauerhaft auf ein höheres Niveau gehoben werden, wird auch die Leistungsbilanz bleibend positiv beeinflußt. Preise und Löhne steigen aus denselben Gründen wie beim transitorischen Schock. Der Reallohn zeigt daher wie dort eine schwach steigende Tendenz. Ein signifikant stärkerer und bleibender Einfluß ist in dieser Simulation auf die Arbeitsproduktivität festzustellen. Die Einflüsse der Schocks auf Geldnachfrage und Geldangebot sind zu schwach, um Zinsbewegungen zu induzieren.

In Szenario 3, dem "kombinierten Schock", wird der Variante 2, dem permanenten Schock, ein zweites Element, nämlich expansive Ausgabenpolitik, hinzugefügt. Anstatt die Finanzierung der Innovationsausgaben durch Kürzungen in anderen Ressorts kostenneutral zu gestalten, werden in dieser Simulation auch die Staatsausgaben jedes Jahr autonom etwas erhöht. Die Verstärkung der Forschungsförderung wird also durch expansive Wirtschaftspolitik unterstützt.

Tabelle 4.4 und Abbildung 4.3 zeigen die Auswirkungen dieses Schocks. Zum ersten Mal kann für das BIP eine eindeutig positive mittelfristige Entwicklung festgestellt werden. Auch die Beschäftigung reagiert auf den kombinierten Schock wesentlich günstiger als in allen bisherigen Simulationen. Deutlich Nachteile bringt dieser Lauf für Preisentwicklung und Leistungsbilanz. Ökonomisch gesehen bringen beide Negativa in einem Land wie Deutschland keine schwerwiegenden Probleme mit sich. Sowohl die beinahe sprichwörtliche Preisstabilität als auch die stets wachsenden Leistungsbilanzüberschüsse weisen darauf hin, daß die großen Probleme deutscher Wirtschaftspolitik dort sicher nicht liegen.

Die gegenüber den ersten beiden Simulationen stärkeren Schwankungen der Reallöhne lassen nur einen schwach steigenden Entwicklungspfad erkennen. Durch den doppelten Eingriff sind schließlich auch die Spannungen am Geldmarkt groß genug, um den Zinssatz vom Referenzlauf abweichen zu lassen. Es kommt zu einer Erhöhung des Zinssatzes, die dann langsam abklingt. Ursache dafür sind die Verluste in der Leistungsbilanz, die über die Zahlungsbilanz den Bestand an Devisen verändern, der wiederum auf das Geldangebot wirkt; ein Mechanismus, der bisher zu schwach war, um zu Änderungen des Zinssatzes zu führen.

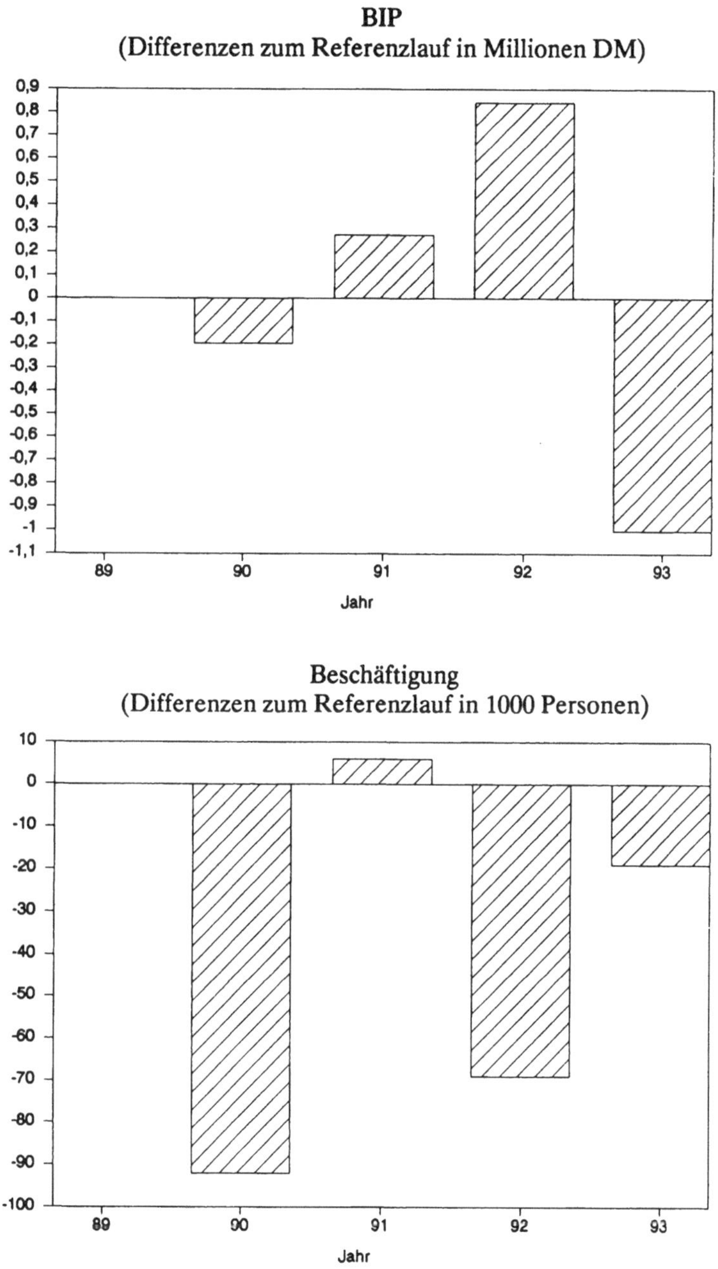

Abbildung 4.1 Transitorischer Schock

Investionen in F&E
(Differenzen zum Referenzlauf in Millionen DM)

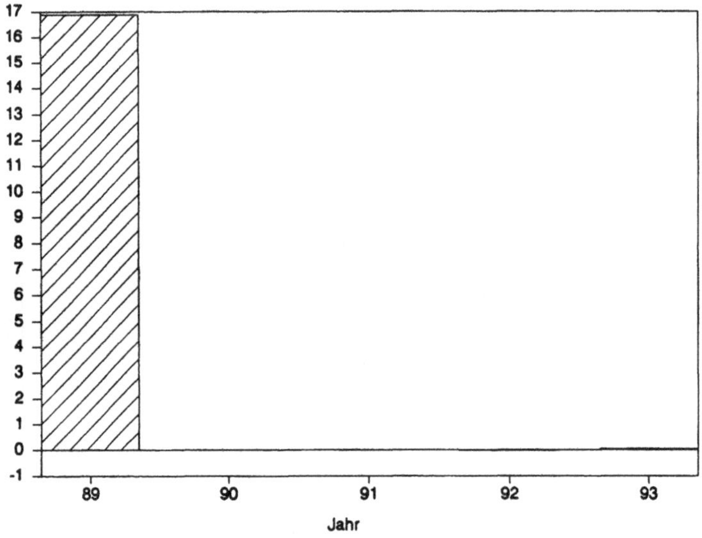

Investitionen
(Differenzen zum Referenzlauf in Millionen DM)

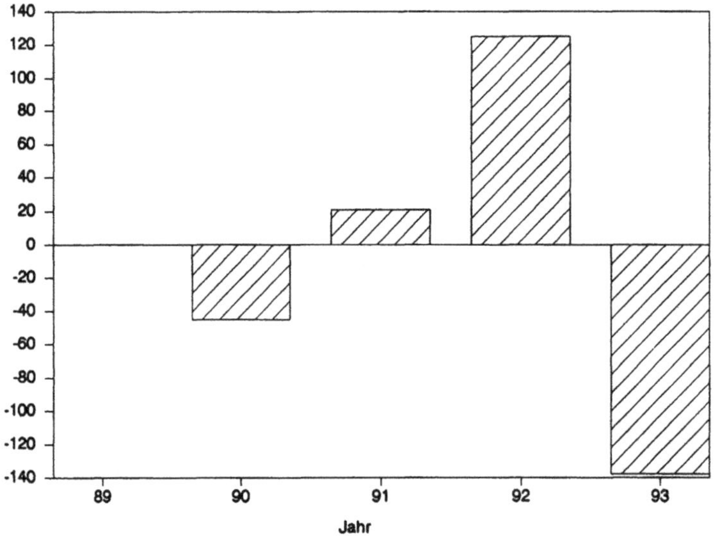

Abbildung 4.1 Transitorischer Schock (Fortsetzung)

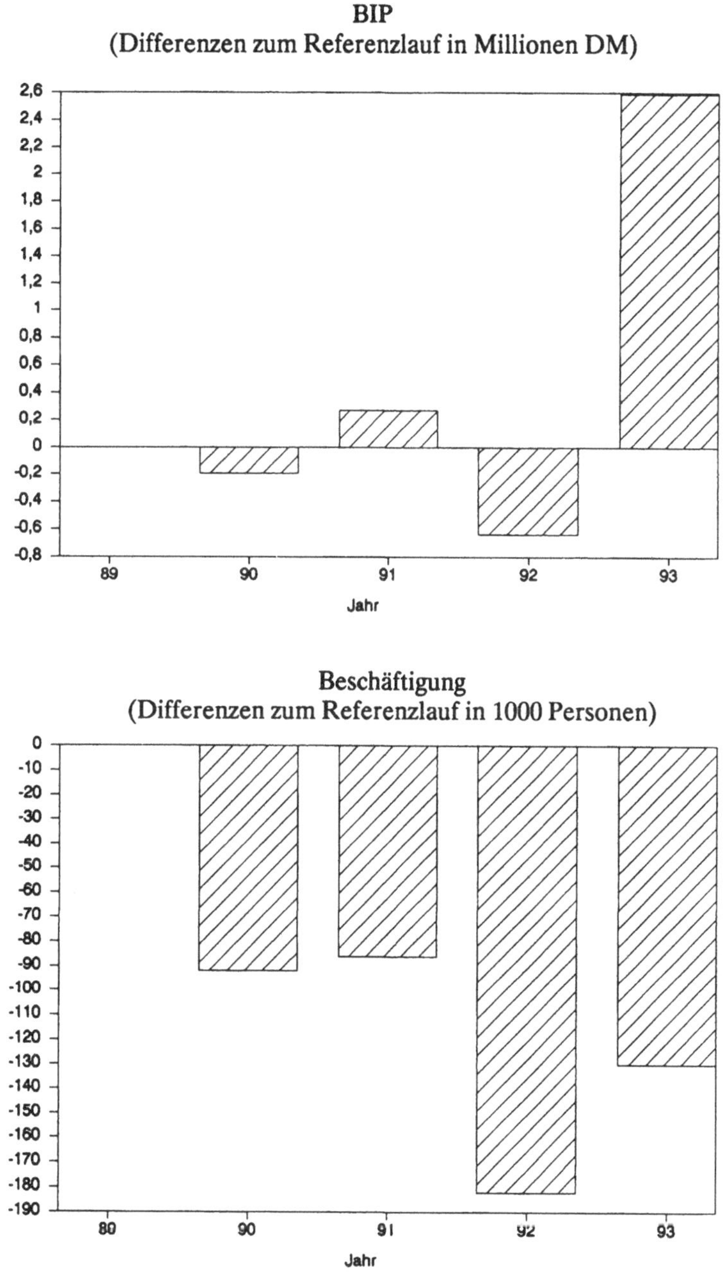

Abbildung 4.2 Permanenter Schock

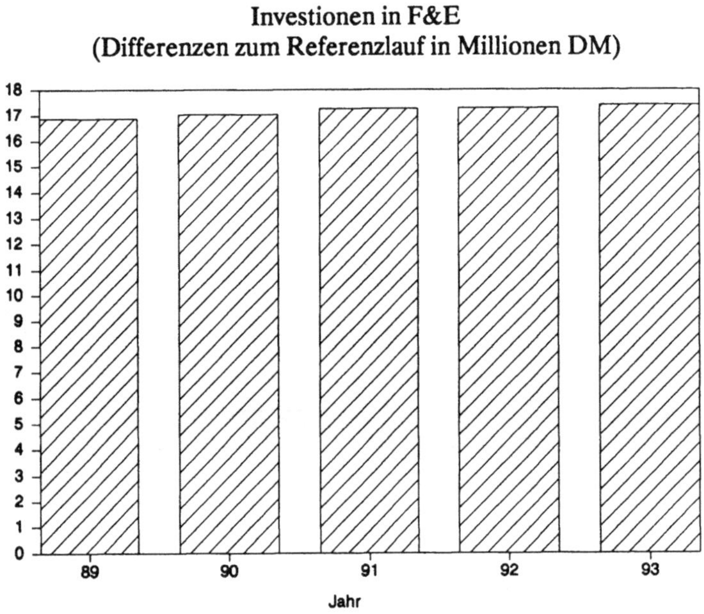

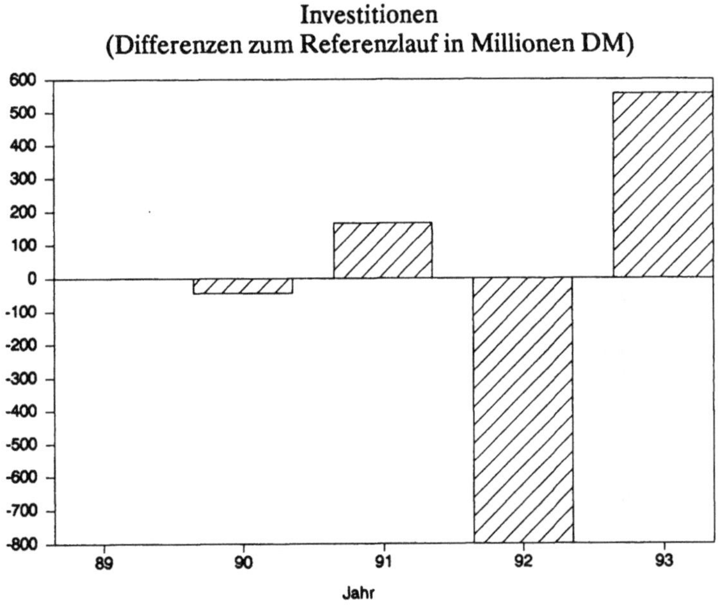

Abbildung 4.2 Permanenter Schock (Fortsetzung)

BIP
(Differenzen zum Referenzlauf in Millionen DM)

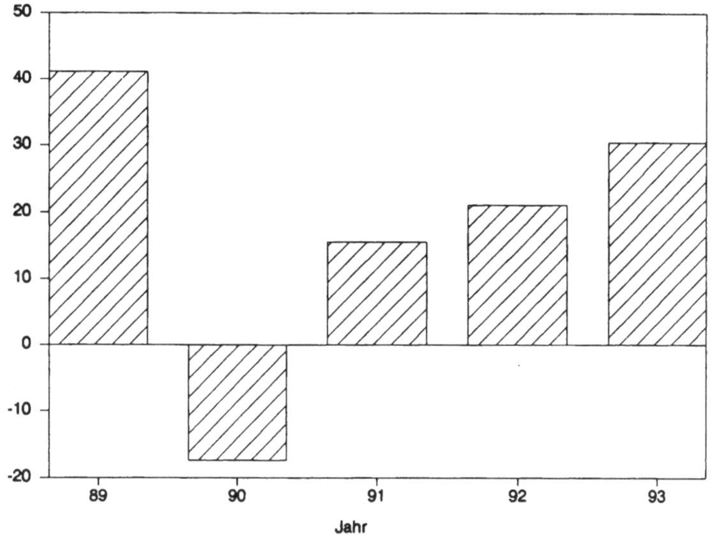

Beschäftigung
(Differenzen zum Referenzlauf in 1000 Personen)

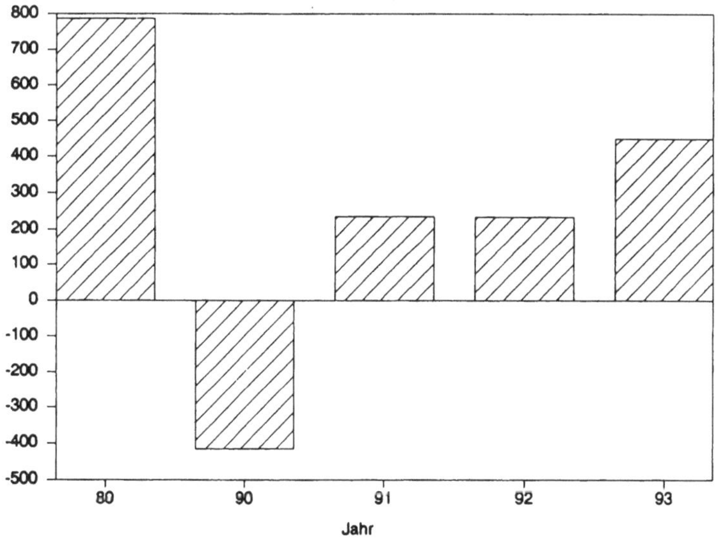

Abbildung 4.3 Kombinierter Schock

Investitionen in F&E
(Differenzen zum Referenzlauf in Millionen DM)

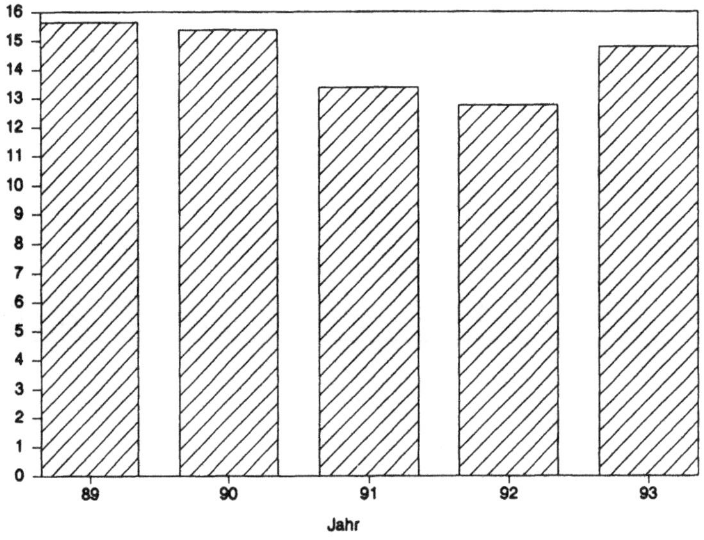

Investitionen
(Differenzen zum Referenzlauf in Millionen DM)

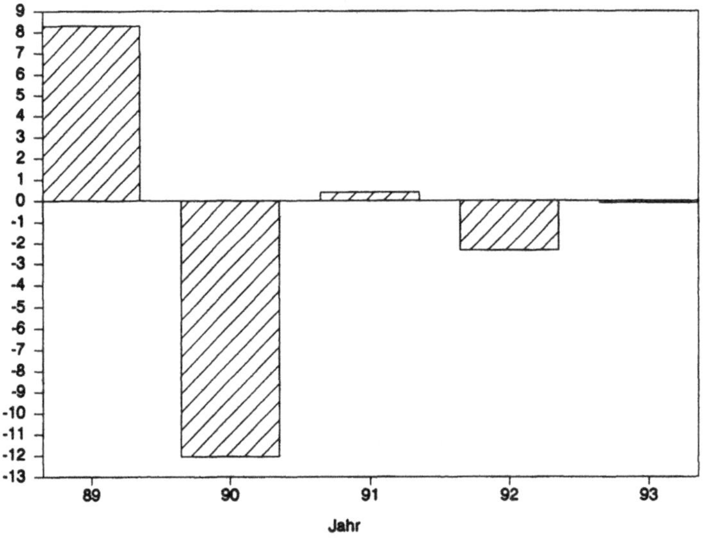

Abbildung 4.3 Kombinierter Schock (Fortsetzung)

4.4 Schlußfolgerungen

Die durchgeführten Experimente waren nicht zuletzt auch von wirtschaftspolitischen Fragestellungen motiviert. So war es nach den pessimistischen Ergebnissen des Abschnitts 3 wichtig die Grenzen abzustecken, innerhalb derer diese Ergebnisse auch in erweiterten Modellen gelten.

Für den Zusammenhang zwischen Erhöhung des Bestandes an technischem Wissen und Beschäftigung zeigt sich, daß budgetneutral konzipierte zusätzliche Forschungsausgaben durchwegs zu zusätzlicher Arbeitslosigkeit führen. Im ausgebauten Modell Tandem-M wird der Effekt zwar durch andere mögliche Anpassungen des Systems abgeschwächt, bleibt aber mittelfristig in derselben Form periodisch auftretender Schübe an Beschäftigungsabbau feststellbar. Das sollte nicht überraschen, kann doch als eines der wichtigsten Motive für "Rationalisierung" in der Krise die mögliche Einsparung an Lohnkosten gelten. Der außenwirtschaftlich hinzukommende, gegenläufige Wirkungszusammenhang einer Erhöhung der Exporte durch mehr heimisches "Know-How" ist bei der für die Bundesrepublik Deutschland geschätzten Parameterkonstellation nicht stark genug um die direkten negativen Beschäftigungseffekte zu kompensieren. Eine Möglichkeit zur Umkehr des Effektes eröffnet sich für die Wirtschaftspolitik erst bei Aufgabe der Finanzierung der Forschungsausgaben durch Einschränkung anderer Ausgabenprogramme. Wie der dritte Simulationslauf mit Tandem-M (kombinierter Schock) zeigt, ist es möglich mittels einer unterstützenden, expansiven Fiskalpolitik mittelfristig trotz verstärkten, arbeitssparenden Innovationen Beschäftigungszuwächse gegenüber dem Referenzlauf zu erzielen.

Ähnlich kann auch der Einfluß der zusätzlichen Forschungsausgaben auf das reale Wachstum beurteilt werden. Wenn ein kurzfristiger Einbruch auch in keinem Simulationslauf vermieden werden konnte, so gibt es mittelfristig doch starke Unterschiede. Das Maßnahmenpaket des kombinierten Schocks erzielt erwartungsgemäß die besten Ergebnisse. Beunruhigend ist, daß für alle drei Simulationsläufe die durch die Schocks angeregten Oszillationen an Stärke zuzunehmen scheinen.

Reguläre Investitionen erfolgen, wie aufgrund der Parameterschätzungen zu erwarten, antizyklisch zu den F&E-Investitionen. Das Ausmaß der Beeinflussung erreicht beim kombinierten Schock die größten Werte, klingt dort aber danach schnell ab. Der stimulierende Akzelleratoreffekt dominiert die bremsende Wirkung höherer Zinssätze.

Die Reaktion der Preise wurde durch den Übergang von Tandem-T zu Tandem-M in ihrer Richtung umgekehrt. Eine Hinzunahme monetärer und außenwirtschaftlicher Zusammenhänge führt selbst im Falle eines "restriktiven", budgetneutralen Innovationsschubes zu Preiserhöhungen. Im Falle der Unterstützung durch expansive

Fiskalpolitik kann sich dadurch mittelfristig die Inflationsrate jedes Jahr um fast einen halben Prozentpunkt erhöhen. Die im dritten Teil als positiv hervorgehobenen, inflationsdämpfenden Eigenschaften von Tandem-T verschwinden bei Tandem-M. Überdies scheint der preissenkende Einfluß von Produktivitätsgewinnen in der Preisfunktion stark davon abzuhängen, welcher Datensatz den Schätzungen zugrundeliegt. In Ländern, deren Marktstrukturen Konkurrenzmärkten näher sind, wird der preissenkende Einfluß stärker ausfallen als in Ländern mit stark institutionaler Bindung des Preissetzungsverhaltens der Unternehmer. Der Vergleich zwischen der Schätzung von Tandem-T für die BRD mit jener für Österreich (Kapitel 3.4 und 3.5) attestiert den heimischen, institutionalisierten Preissetzungsregeln einen größeren Einfluß als den Institutionen der Bundesrepublik Deutschland.

Die Entwicklung der Reallöhne ist insofern etwas überraschend, als das Innovationsprogramm bei den "restriktiven" Szenarios eindeutige, wenn auch leichte Reallohnerhöhungen erzeugt. Im dritten Fall kann eher von Schwingungen der Reallöhne um den Referenzpfad sprechen. Analog verhalten sich auch die Produktivitätsgewinne.

Von Interesse ist aber auch die unterschiedliche Reaktion der Leistungsbilanz (vergleiche Abbildung 4.4). Am schlechtesten schneidet hier der kombinierte Schock ab. Eine merkliche Passivierung der Leistungsbilanz ist offenkundig der Preis, den eine solche Wirtschaftspolitik für die ansonsten guten Resultate zahlen muß (vergleiche dazu [Hanappi/Wagner 1989a]). Im speziellen Fall der Bundesrepublik Deutschland kann eine Verringerung der hohen Exportüberschüsse allerdings auch als durchaus zu begrüssender Nebeneffekt verstanden werden.

Ein Vergleich der Ergebnisse der drei Simulationsläufe macht die Optionen der Wirtschaftspolitik klar. Auch wenn der Gebrauch von Simulationsexperimenten seine Attraktivität eher aus der Präsentation konkreter quantitativer Prognosen schöpft, so sollte der Gebrauch der Resultate doch nur auf die qualitativen oder größenordnungsmäßigen Eigenschaften zurückgreifen. Ebenso vorsichtig muß die kausale Interpretation der einzelnen Experimente vor sich gehen. Keine verbale Formulierung kann der Simultanität der Vorgänge in einem dynamischen Modell der Größenordnung von Tandem-M gerecht werden. Was getan werden kann, ist dominierende Zusammenhänge hervorzuheben und bisher überhaupt übersehene Kausalketten sichtbar zu machen. Gelingt dies, so haben diese Modelle ihren Zweck im wesentlichen erfüllt.

Transitorischer Schock
(Differenzen zum Referenzlauf in Millionen DM)

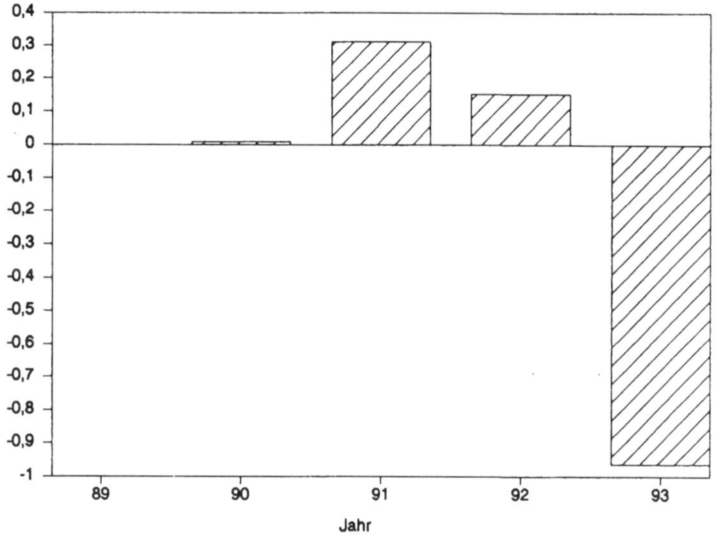

Permanenter Schock
(Differenzen zum Referenzlauf in Millionen DM)

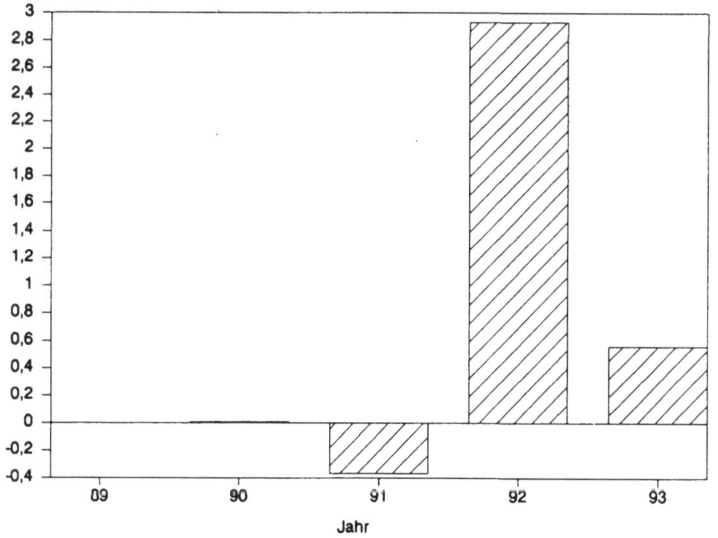

Abbildung 4.4 Leistungsbilanz - Vergleich der Szenarien

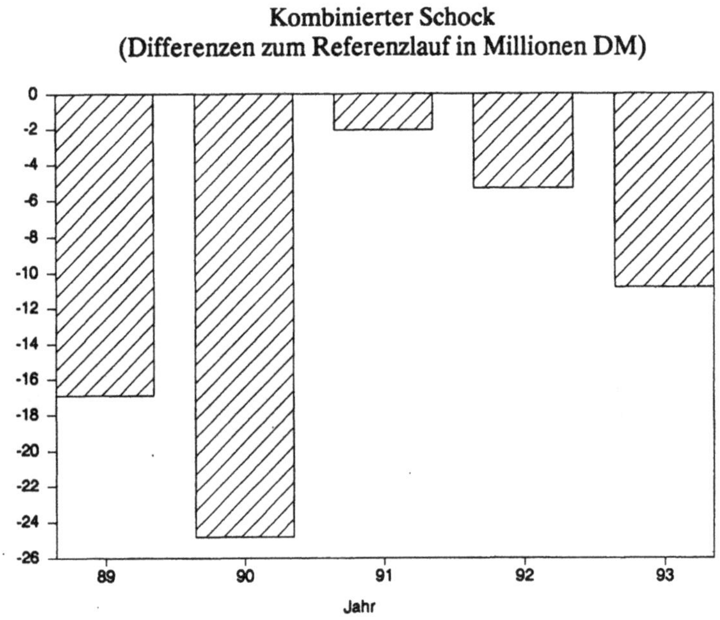

Abbildung 4.4 Leistungsbilanz - Vergleich der Szenarien (Fortsetzung)

5. Ausblick

Die Arbeit an empirisch gestützten Simulationsmodellen läßt stets in den ersten Phasen (die sich im Fall von Tandem auf knapp 24 Monate erstreckten) mehr Fragen offen als vorläufig beantwortet werden können. Dies betrifft ein breites Feld von methodischen und inhaltlichen Aspekten, wozu auch eine Beurteilung der Reliabilität der gewonnenen Resultate zählt.

Die Analysen mit Tandem bestätigen die These, daß die Folgewirkungen verstärkter (oder abgeschwächter) Innovationsaktivitäten auf den Arbeitsmarkt durch die spezifische Nutzung von branchentypischen und gesamtwirtschaftlichen Spielräumen bestimmt werden. Die quantitativen Konstellationen von Parameterwerten (in denen sich gleichermaßen politische Regelsetzungen und branchencharakteristische Reaktionsmuster widerspiegeln) beeinflußen sowohl das Ausmaß als auch die Richtung der Beschäftigungseffekte technischen Wandels in der Bundesrepublik Deutschland. Es gibt keine Evidenz dafür, daß sich die Wirkungen moderner Technologien "kontextfrei" bestimmen lassen.

Dieser Befund verweist auf die Bedeutung quantitativ gestützter Analysen in der Diskussion um die Arbeitsmarktwirkungen moderner Technologien. Dies bestätigt die Notwendigkeit, jenen Typ von Modellierungsarbeiten vorzunehmen, wie dies (durchaus selektiv) im Rahmen von Tandem erfolgt. Gleichzeitig bewirkt die Abhängigkeit der Resultate von den quantitativen Parameterresultaten eine Relativierung der jeweils erzielten Resultate. Denn im Gegensatz zu einer zwingenden theoretischen Analyse besitzen die aus einer bestimmten (wenige Jahre abdeckenden) empirischen Basis gewonnenen Einsichten in Wirkungszusammenhänge stets nur "spezielle" (und nicht allgemeine) Geltung.

Jenseits eines epistemologischen Rigorismus läßt sich beobachten, daß die in zeitlicher und räumlicher Hinsicht leichte Reproduzierbarkeit solcher "spezieller" Resultate das Vertrauen in ihre Reliabilität stärkt. Ein solches Ergebnis ist etwa der Befund, daß der technische Fortschritt seit Ende des Zweiten Weltkrieges im (heutigen) OECD-Raum eine deutlich arbeitssparende Richtung aufweist; dies bestätigen im Rahmen der Meta-Studie die Untersuchungen von Kugler et al. 1989. Ob aber die dadurch ausgelösten, gegenläufigen beschäftigungsstimulierenden Effekte insgesamt zu einer "Kompensation" ausreichen, gilt als umstritten.

Die Resultate von Tandem zeigen, daß keine "volle" Kompensation unter der die Bundesrepublik Deutschland charakterisierenden Parameterkonstellation stattfindet. Es bedarf vielmehr eines parallel wirksamen "expansiven" Impulses, um eine beschäftigungssuchende Nachfrage (unter einem Szenario verstärkter Innovationsaktivitäten) sicher zu stellen. Im Prinzip eröffnet der durch Innovationen beschleunigte Produktivitätszuwachs zusätzliche gesamtwirtschaftliche Spielräume für einen expansiven Kurs der öffentlichen Hand; ob diese ihm auch tatsächlich nutzen werden, hängt nicht zuletzt von der Sensitivität politischer Entscheidungsträger gegenüber Verschiebungen in der (funktionellen und personellen) Verteilung des Volkseinkommens und der internationalen Regelung von Außenhandelsungleichgewichten ab.

Die im Rahmen von Tandem erzielten Ergebnisse stimmen mit Analysen überein, die auf etablierten makroökonomischen Modellen für die Bundesrepublik Deutschland gewonnen worden sind (Blazejczak 1989). Trotzdem läßt sich nicht verhehlen, daß die Gesamtresultate der verschiedenen Tandem-Versionen sich auf Modellspezifikationen stützen, die nicht in jeder Hinsicht als befriedigend gelten können. Allerdings ist für jede der identifizierbaren Schwachstellen die Richtung für konkrete Entwicklungsschritte erkennbar. Ob sich nach einer fundierten Stärkung der Modellstrukturen noch das gleiche Gesamtresultat im Zusammenhang mit der "Kompensationsfrage" ergibt, läßt sich gegenwärtig nicht mit Sicherheit sagen; aus der Sicht des Tandem-Projektteams sprechen zahlreiche Indizien (nicht zuletzt aus der internationalen Forschungsliteratur) für den Befund einer bloß unvollständigen Kompensationsmechanik in der Bundesrepublik Deutschland.

Was die identifizierbaren Entwicklungsschritte für eine Verbesserung der Modellstruktur betrifft, so lassen sich diese analog zu den Überlegungen in der Einleitung unter den drei Stichworten "Innovationskonzept", "Zeithorizont" und "Mikro-Meso-Makro-Brücke" erörtern.

Die zentrale (ungelöste) Problematik des Innovationskonzeptes ist in der Interpretation der "innovatorisch relevanten" Ressourcen als Kapitalstock zu suchen. Dies gilt insbesondere für die Frage der "Abschreibung" dieses Kapitalstocks. Soweit sich die Mikroevidenzen über Innovationen für diese Zwecke deuten lassen, besteht ein eigentümliches Spannungsverhältnis zwischen "alten" und "neuen" Wissensbeständen. Entlang einer vorgegebenen technologischen Trajektorie weisen inkrementale Innovationen eine additive Wirkung auf. Ob dieser Effekt indes "sub-" oder "superadditiv" ist, kann nicht allgemein beantwortet werden. Darauf hat die Diskussion um öffentliche Innovationsförderung im Bereich der Informationstechnologien erneut verwiesen; OECD 1989 ("Major R&D Programme"). In einem modelltechnischen Sinn läßt sich diese Frage durch die Endogenisierung der Obsoleszenz der bereits akkumulierten Know-how-Bestände lösen. Eine solche empirisch reliable Endogenisierung bedarf einer Datenbasis, wie sie sich etwa durch Aufnahme einer entsprechenden Frage in den IFO-Innovationstest gewinnen ließe. Eine solche einfache Erweiterungsmöglichkeit bestätigt die Erfahrung, daß die in der Metastudie verfügbaren Datenbasen eine hohe Informationsdichte besitzen, die viel umfangreichere

Modelle zu tragen imstande sind, als dies gegenwärtig nur für den Unternehmenssektor der Fall ist. Gerade im Bereich von Forschung und Entwicklung werden vielfältige Aktivitäten außerhalb des Unternehmenssektors gesetzt, was im letzten Jahrzehnt zahlreiche Förderprogramme veranlaßt hat, aktiv eine Vernetzung zwischen öffentlichen und privaten Einrichtungen anzustreben. Aus dieser Perspektive ist eine umfassende Endogenisierung von Know-how-Obsoleszenz prinzipiell unmöglich. Denn gerade die Existenz von Institutionen, die nicht von unternehmerischen Kalkülen, sondern von der (paradigmatisch eingebetteten) "Neugierde" der Forscher gesteuert sind, gilt als Voraussetzung für die Sicherung eines gesellschaftlichen Innovationspotentials. Einer Instrumentalisierung durch wirtschaftliche Orientierungslinien setzen solche Institutionen einen erheblichen kreativen Eigensinn entgegen, den zu beachten auch Innovationspolitik gut beraten ist; OECD 1989 ("Education and the Economy"). Für die empirisch orientierte Innovationsforschung impliziert dies den Bedarf an regelmäßigen empirischen Erhebungen über Veränderungen der wissenschaftlich erschlossenen Wissensräume; dies mag in einer Art erfolgen, die sich an dem Ansatz von Nelson (1982) orientiert.

Die Frage nach einem angemessenen differenzierten Innovationskonzept verweist auch auf jene nach der begründeten Abstufung von Zeithorizonten für Simulationsexperimente. Dabei stößt die Arbeit mit Simulationsmodellen auf ähnliche Schwierigkeiten, wie sie aus der wirtschaftshistorischen Forschung als "Periodisierungsproblem" bekannt sind. Sofern die Dynamik des Innovationsgeschehens "endogen" durch das Modell erklärt wird, kann kein fester Zeithorizont vorgegeben werden; was als "kurz" oder als "lang" zu gelten hat, bestimmen die Merkmale des Modells. Wird dagegen ein definierter Ablauf vorgegeben (wie dies in den "Diffusionsmodellen" technologischer Paradigmen geschieht), dann ist ein wesentliches Element der Modelldynamik exogen fixiert. Für Anwendungszwecke, die jenem der Meta-Studie entsprechen, scheint es geboten, die Simulationsperiode nicht zu weit auszudehnen. Dies folgt unmittelbar aus der "ökonomisch" orientierten Charakterisierung von Innovation, die stets "quer" zu den einzelnen technologischen Trajektorien die Summe aller inkrementalen Innovationsaktivitäten eines Unternehmens erfaßt. Eine Zeitspanne von zehn bis fünfzehn Jahren kann als Obergrenze für eine Simulationsperspektive vom Tandem-Typ gelten.

Für diesen Zeithorizont einer "vollen" Entfaltung der Innovationsdynamik lassen sich spezifische Entwicklungsrichtungen markieren, die eine sicherere Abstützung der Mikro-Meso-Makro-Brücke eröffnen, als dies im Rahmen der vorliegenden Versionen von Tandem möglich ist. Eine solche forschungsstrategische Überlegung setzt am besten im "Mesobereich" an, der als stützender Mittelpfeiler des angestrebten Brückenschlages gelten kann. Denn nur auf einem sektoralen Niveau (wie grob oder fein es im besonderen Fall auch gegliedert sein mag) stehen kohärente statistische Informationen zur Verfügung, mit deren Hilfe die Verflechtung zwischen den Sektoren erfaßt werden kann. Daran wird sich auch in Zukunft wenig ändern, da die Sensitivität von unternehmensspezifischen Informationen in datenschutzrechtlicher Hinsicht stets zur Aggregation bei Veröffentlichung der Datenkörper zwingt; (zudem besteht bei Mikrobetrachtungen das Problem der nicht erfaßten Unternehmen, die zu einem synthetischen "Residualakteur" zusammengefaßt werden müssen). Der zentrale Beitrag von Mikrobetrachtungen zur Modellierung des Innovationsgeschehens besteht in dem Einblick, den sie in die Interaktion zwischen Unternehmen hinsichtlich ihrer Innovationsanstrengungen geben. Dies erlaubt es, komplexere Formulierungen für die Innovationsfunktion auf der Mesoebene zu wählen. Dabei können die Parameterwerte für Simulationszwecke direkt aus Mikrostudien gewonnen werden. Dies betrifft insbesondere die Modellierung der Diffusion bestimmter Technologien in Abhängigkeit von zentralen Randbedingungen unternehmerischer Entscheidungen.

Solche Diffusionsprozesse werden auf der Branchenebene vor allem durch Veränderungen in der sektoriellen Verflechtung von Vorleistungen und des Investitionsgüterbezuges sichtbar. In diesem Bereich eröffnet sich eine wichtige Schnittstelle zwischen einer "technikorientierten" und einer "ökonomischen" Betrachtung des Innovationsgeschehens. Denn die Verschiebung der Leistungs- und Güterverflechtung zwischen verschiedenen Wirtschaftszweigen kann sowohl mit ingenieurwissenschaftlichen Methoden als auch mit Umsatzvolumina dargestellt werden. In diesem Kontext gilt es zu zeigen, wie die Richtung und die Geschwindigkeit der Veränderung sektoraler Verflechtungen durch Art und Umfang der Innovationsanstrengungen bestimmt ist. Die Charakteristika der Verflechtungsmatrizen dienen als eine Art von Innovationsindikator, dessen Wert in Abhängigkeit von den Aufwendungen der Unternehmen für Innovationszwecke darzustellen ist. Gelingt ein solcher Brückenschlag, dann ist eine Synthese zwischen den technologieorientierten und den ökonomischen Charakterisierungen von Innovation hergestellt.

Ein weiterer Analyseschritt auf der Mesoebene betrifft die Darstellung der Export-Import-Beziehungen. Denn ein wichtiger Aspekt der Innovationsanstrengungen von Unternehmen ist an der Qualitätskonkurrenz auf Auslandsmärkten (oder gegenüber ausländischen Unternehmen auf Inlandsmärkten) orientiert. Die Export-Import-Effekte des Innovationsgeschehens bilden einen wichtigen Funktionszusammenhang, der die Variablen der Mesoebene mit jenen der Makroebene verbindet. Denn Veränderungen der Leistungsbilanz (als Folge der sektoralen Export-Import-Effekte) lösen geld- und währungspolitische Reaktionen aus, die spürbare Rückwirkungen auf die Randbedingungen des Innovationsgeschehens haben. Gerade die gesamtwirtschaftlichen Beschäftigungswirkungen hängen in hohem Ausmaß von den Leistungsbilanzeffekten der Innovationsaktivitäten ab.

Diese Verbindung von Mikro- und Makroebene läßt sich nicht nach einem einfachen "bottom-up" oder "top-down" Muster kennzeichen. Vielmehr gilt es systematische Schnittstellen zwischen einer gemeinsamen Mikro- und Makromodellierung herzustellen. Im Rahmen der Innovationsforschung bietet sich für diesen Zweck insbesondere die Sphäre der Produktion und Leistungserstellung an. Eine einfachere Lösung der Schnittstellenfrage eröffnet die Modellierung einer zweistufigen Produktionsfunktion; auf der Sektorebene werden die Strukturänderungen der Vorleistungs- und Investitionsgüterverflechtung erfaßt, um dann in einem zweiten Schritt in einer makroökonomischen Korrespondenz erfaßt zu werden. Eine schwierigere Variante des Meso-Makrobrückenschlages besteht in der Erstellung eines vollständigen Angebots-Nachfrageblocks für jeden Sektor; auf makroökonomischer Ebene werden in dieser Variante nur mehr die "gesamtwirtschaftlichen" Variablen i. e. S. (wie etwa die Zinssätze) modelliert.

Den skizzierten Überlegungen dieses Ausblicks liegt die Perspektive zugrunde, daß die quantitativ orientierte Innovationsforschung mit Rückgriff auf den etablierten ökonometrischen Modellbau viele der noch offenen Probleme schrittweise bewältigen kann. Dies gilt insbesondere für die Erstellung von Innovationsmodellen des Typs Tandem.

Fußnoten

1) Es muß hier darauf verwiesen werden, daß die Unterscheidung zwischen Keynes' Werk und seiner Interpretation durch die sogenannten "Keynesianer" einer gewissen Stichhaltigkeit nicht entbehrt (siehe dazu Davidson 1972 und Clower 1976). Wenn hier vom "keynesianischen Modell" die Rede ist, so ist stets die Interpretation der "Keynesianer" gemeint.

2) In einer etwas unglücklich gewählten Terminologie wird oft auch von "Ungleichgewichtsmodellen" gesprochen. Ob und wo in dynamischen Modellen gewisse Gleichungen (die Gleichgewichtsbedingungen) erfüllt sind, eignet sich nicht als Kriterium für die Unterteilung der ganzen Modellklasse in gleichgewichtige und ungleichgewichtige Modelle, sondern nur für Aussagen über bestimmte Positionen bestimmter Modelle.

3) Zweifellos waren die implizierten wirtschaftspolitischen Schlußfolgerungen das treibende Motiv für die Heftigkeit dieser Auseinandersetzungen (vgl. Bombach 1981).

4) Einen guten Überblick über die verschiedenen Strömungen post-keynesianischer, monetärer Ökonomie findet sich in Arestis/Driver (Hrsg.) 1988.

5) Man vergleiche dazu die interessante Arbeit von Hodgson (Hodgson 1988).

6) Die klassische Arbeit dazu ist das sogenannte "Sargent-Wallace-Theorem" von der Inneffizienz der Wirtschaftspolitik. Ursprünglich nur als Beispiel für die Tragweite des RE-Ansatzes gedacht wurde es bald zur Zielscheibe für alle Gegner des RE-Ansatzes, die es schlichtweg mit diesem identifizierten.

7) Als Beispiel lassen sich das CEAR-Modell der USA und das CEPG-Modell des United Kingdom anführen (für Beschreibung und Vergleich siehe Arestis/Driver (Hrsg.) 1988.

8) Ein typisches Beispiel ist das Goodwin'sche Konjunkturmodell Goodwin 1982 (1967), S.165-170.

9) Insgesamt dürfte Keynes der zweiten Sicht näherstehen. Darüber hinaus genügt für seine Überlegungen ein konstanter Durchschnitt sozialpsychologischer Konstanten. Diese modelltechnisch bessere, weil schwächer einschränkende Annahme wird ihm von seinen Gegnern gerne als "fehlende Mikrofundierung" seiner Makrogesetze vorgeworfen.

10) Der Umbau der Ökonomie in eine Physik der Präferenzsysteme ist bereits so oft kritisiert worden, daß es müßig ist hier näher darauf einzugehen (einige originelle Argumente liefern Farjoun/Machover 1983).

11) Zwei berühmte Versuche von Mitarbeitern Schumpeters sind Samuelson 1982 und R.Goodwin, 1982 (1955), S.122-140.

12) Man denke an zentrale Lohnverhandlungen, bei denen Inflation und Produktivitätssteigerung an das Nominallohnwachstum weitergegeben werden. Daß diese Zusammenhänge in westlichen Industriestaaten erst seit dem Ersten Weltkrieg in dieser Form bestehen, wird näher erläutert in Hanappi 1988.

13) In einer etwas ausgebauteren Version des Basismodells erscheint uns eine Endogenisierung der Kapazitätsauslastung als eine der vordringlichsten Aufgaben.

14) Für realitätsnähere Simulationen waren solche Annahmen notwendig.

15) Das kann auch als eine Frage des Zeithorizontes betrachtet werden: Sind kurzfristig Substitutionseffekte vernachlässigbar, so ist in unserem mittelfristigen Modell darauf bezug zu nehmen.

16) In einem Modell, das den öffentlichen Sektor ausbaut, müßten analog indirekte Steuern als Kosten in die Preisgleichung eingehen.

17) In der Literatur wird diese Elastizität oft auch als "Indexierungsgrad" bezeichnet.

18) Im einfachen Modell kann keine Überbeschäftigung eintreten, es sind also nur lohnwachstumshemmende Einflüsse zugelassen.

19) Diese Methode bedeutet selbstverständlich, daß die abgeleiteten Stabilititätseigenschaften nur in einer kleinen Umgebung des Gleichgewichtes, in der lineare Annäherung zulässig ist, gültig sind.

20) Zur Cramerschen Regel vergleiche Chiang 1967, S.116-120.

21) Das Schur-Kriterium wird ebenso wie das zweite übliche Verfahren zur Stabilitätsanalyse von Differenzengleichungen, das Samuelson-Kriterium, in Gandolfo 1980, S.11-115 beschrieben.

22) Man vergleiche dazu auch Hanappi/Wagner 1989b.

23) Die erste, ausgezeichnete Argumentation dieses Punktes findet sich bei Samuelsons Korrespondenzprinzip (Samuelson 1979 [1965]).

24) Ob die neoklassische Verteilungstheorie und Cobb-Douglas-Produktionsfunktionen zutreffende ökonomische Konzepte sind ist zweifelhaft. In einer interessanten Kritik dieser Konzepte zeigt Anwar Shaikh (Shaikh 1974, 1980), daß Cobb-Douglas-Funktionen fast jeden Datensatz gut beschreiben, solange die Verteilung sich nicht ändert, die abgeleitete Verteilungstheorie also insignifikant ist.

25) Nach Schumpeter (Schumpeter 1939) müssen nicht unbedingt alle vier Phasen durchlaufen werden. Es kann auch zu schwachen Konjunkturen, die nur aus den ersten beiden Phasen bestehen, kommen.

26) Zu erwähnen ist, daß der für Österreich verwendete Datensatz einen etwas längeren Zeitraum, 1965 bis 1988, als derjenige für Deutschland (1970 bis 1988) abdeckte.

27) Der eingebaute Trend bedeutet ja nichts anderes als sichere, und vom wirtschaftlichen Umfeld unabhängige, jährliche Zuwächse.

28) Wie die Daten zeigen, ist die österreichische Produktionsentwicklung durch einen weitgehend proportionalen Verlauf von Arbeit, Kapital und Output gekennzeichnet.

29) Für Österreich wurde dieses Phänomen anhand eines ausführlicheren Makromodelles mit endogener Kapazitätsauslastung bereits früher festgestellt (siehe Hanappi/Neudorfer 1988).

30) Für eine Formulierung des Dämpfungsmechanismus siehe wiederum Hanappi/Neudorfer 1988.

31) Korrekterweise müßte die Stabilitätsuntersuchung für das modifizierte Modell analytisch erneut durchgeführt werden.

32) Man erinnere sich nur an die sogenannte Quantitätsgleichung des Geldes $M v = P Y$. Für gegebene Umlaufgeschwindigkeit v ("Zahlungssitten") hängt das Preisniveau hier direkt von der Geldmenge ab.

33) Der Wechselkurs ist bei uns als der Preis der Auslandswährung gemessen in inländischer Währung definiert.

34) Damit werden auch "Qualitätseffekte" mit berücksichtigt. Posner hat sehr früh darauf hingewiesen, wie wichtig ein solcher Term in empirisch verwendbaren Exportfunktionen ist (Posner 1961, S.323).

35) Die Währungsgeschichte zeigt allerdings keine überzeugenden Beispiele für diese Annahme.

36) "The movement of international capital depends on investment opportunities as reflected in interest rates and on anticipated changes in the exchange rate." (Dernburg 1989, S.107)

Literatur

Arestis P./Driver C. The Macrodynamics of the US and UK Economies through Two Post-Keynesian Models. In: Arestis, P.(Ed.) Post-Keynesians Monetary Economics, Brookfield Vermont 1988.

Arrow K. Economic Welfare and the Allocation of Ressources for Invention. In: Rosenberg N.(Ed.) The Economics of Technological Change. Selected Readings. Middlesex, England: Penguin 1971. 164-181.

Baethge M./Overbeck H. Zukunft der Angestellten. Frankfurt /Main 1986.

Blattner N. Technischer Wandel und Beschäftigung: Zum Stand der Diskussion. In: Krupp H.-J. / Rohwer B. / Rothschild K.W. (Hg.). Wege zur Vollbeschäftigung. Freiburg: Rombach 1986. 67-76.

Blazejczak J. Perspektiven der gesamtwirtschaftlichen Entwicklung bei verstärkten und bei unterlassenen Innovationsanstrengungen. In: Schettkat R./Wagner M. (Hg.) Technologischer Wandel und Beschäftigung. Berlin/New York: de Gruyter 1989. 375-395.

Bombach G. (Hg.). Der Keynesianismus I. Berlin, Heidelberg und New York: Springer 1981.

Boskin M.J. Macroeconomics, Technology and Economic Growth: An Introduction to some Important Issues. In: Landau R. / Rosenberg N. (Eds.). The Positive Sum Strategy. Washington D.C.: National Academy Press 1986. 33-56.

Boyer R. Technical Change and the Theory of "Régulation". In: Dosi G. et.al. Technical Change and Economic Theory. London/New York: Pinter 1988. 67-95.

Bundesministerium für Wissenschaft und Forschung (Hg.). Mikroelektronik: Anwendungen, Verbreitung und Auswirkungen am Beispiel Österreichs. Wien. Springer 1981.

Chiang A. Fundamental Methods of Mathematical Economics, 2nd Ed. Tokyo: McGraw-Hill 1967.

Clower R.W. Keynes and the Keynesians: A Theoretical Appraisal. In: Surrey, M.J.C.(Ed.). Macroeconomic Themes. Oxford: Oxford University Press 1976.

Cyert R.M. / Mowery D.C. Technology and Employment. Innovation and Growth in the US-Economy. Washington D.C. National Academy Press. 1987.

Dasgupta P. / Stiglitz J. Uncertainty, Industrial Structure and the Speed of R&D. In: The Bell Journal of Economics 11 (1980). 1-29.

Dasgupta P. / Stiglitz J.E. Potential Competition, Actual Competition and Economic Welfare. In: European Economic Review 32 (1988). 569-577.

Davidson P. Money and the Real World. London and Basingstoke: McMillan 1972.

Dernburg T.F. Global Macroeconomics. New York: McGraw-Hill 1989.

DIW - Deutsches Institut für Wirtschaftsforschung. Sektorale und gesamtwirtschaftliche Beschäftigungswirkungen moderner Technologien. Berlin: DIW 1988.

Dosi G./Freeman Ch./Nelson R./Silverberg G./Soete L. (Eds.). Technical Change and Economic Theory. London/New York: Pinter 1988.

Driskill R./McCafferty A.: Exchange market intervention under rational expactions with imperfect capital substitutability. In: Bhandari, J.S. (Ed.): Exchange rate managment under uncertainty, Cambridge: MIT Press 1985, 83-95

Edler D. et.al. Intersektorale Auswirkungen des Einsatzes von Industrierobotern und CNC-Werkzeugmaschinen: Eine empirisch gestützte Input-Qutput-Analyse. In: Schettkat R./Wagner M. (Hg.) Technologischer Wandel und Beschäftigung. Berlin/New York: de Gruyter 1989. 319-343.

Eliasson G. The Firm and Financial Markets in the Swedish Micro-to-Macro Model. Stockholm: The Industrial Institute for Economic and Social Research 1985.

Ewers H.-J. et.al. Der Kontext entscheidet: Wirkungen des Einsatzes computergestützter Techniken in Industriebetrieben. In: Schettkat R./Wagner M. (Hg.) Technologischer Wandel und Beschäftigung. Berlin/New York: de Gruyter 1989. 27-71.

Farjoun E./Machover M. Laws of Chaos. London: Verso Editions and NLB 1983.

Flaig G. / Stadler M. Beschäftigungseffekte privater F&E-Aufwendungen. Eine Paneldaten-Analyse. In: Zeitschrift für Wirtschafts- und Sozialwissenschaften 108 (1988). 43-61.

Fleissner P. (Hg.). Technologie und Arbeitswelt in Österreich. Trends bis zur Jahrtausendwende. Wien: ÖGB 1987.

Freeman, Ch./Soete, L. (Eds.). Technical Change and Full Employment. New York: Oxford 1987.

Gandolfo G. Dynamic Economics 2nd Ed. New York: North-Holland 1980.

Goodwin R. Essays in Economic Dynamics. London and Basingstoke: McMillan 1982.

Griliches Z. (Ed.). R&D. Patents and Productivity. Chicago: University Press 1984.

Hanappi G. / Wagner M. Ein makroökonomisches Modell der Innovationsdynamik. Wien: IWS 1989.

Hanappi G./Neudorfer P. Produktivitätseffekte von Innovationsausgaben. Eine makroökonomische Analyse. Wien: IWS 1988.

Hanappi G./Wagner M. The Nexus between Innovation and Growth in the Federal Republic of Germany. Wien: IWS 1989a.

Hanappi G./Wagner M. Balanced Innovation Policies. The macroeconomic trade off between employment growth and speed of industrial innovation in the Federal Republic of Germany. Beitrag zur Konferenz "No Ways to Full Employment?" des Wissenschaftszentrums Berlin, 5.-7. Juli 1989, erscheint 1990 in den Proceedings. Zitiert als 1989b.

Hanappi, G. Die langen Wellen der Konjunktur. In: Wirtschaft und Gesellschaft 1(1988). Wien: Kammer für Arbeiter und Angestellte 1988.

Hicks, J.R. Mr. Keynes and the Classics. In: Econometrica 1937.

Hodgson G. Economics and Institutions. Oxford: Polity Press 1988.

Höflich-Häberlein L./Häbler H. Diffusion neuer Technologien und ihre Auswirkungen im privaten Dienstleistungssektor. In: Schettkat R./Wagner M. (Hg.) Technologischer Wandel und Beschäftigung. Berlin/New York: de Gruyter 1989. 71-121.

IAB-Institut für Arbeitsmarkt- und Berufsforschung derBundesanstalt für Arbeit/BIBB-Bundesinstitut für Berufsbildung (Hg.). Neue Technologien: Verbreitungsgrad, Qualifikation und Arbeitsbedingungen. BeitrAB 118. Nürnberg: IAB 1987.

IFO-Institut für Wirtschaftsforschung. Technischer Fortschritt - Auswirkungen auf Wirtschaft und Arbeitsmarkt. Berlin: Duncker & Humblot 1980.

IFO-Institut für Wirtschaftsforschung. Innovationsbericht. Ergebnisse des Ifo-Innovationstestes 1985/86. München: IFO 1987.

IFO-Institut für Wirtschaftsforschung. Innovation, Wachstum und Beschäftigung. Einzelwirtschaftliche, sektorale und intersektorale Innovationsaktivitäten und ihre Auswirkungen auf die deutsche Wirtschaft in den achtziger Jahren. München: IFO 1988.

IFS - Institut für Stadtforschung und Strukturpolitik. Wirkungen des Einsatzes computergestützter Techniken in Industriebetrieben. Berlin: IFS 1988.

Infratest Sozialforschung. Technikdiffusion und Beschäftigungswirkungen im privaten Dienstleistungssektor. München: Infratest Sozialforschung 1988.

ISG - Institut für Sozialforschung und Gesellschaftspolitik. Bestimmungsgründe betrieblicher Faktorsubstitution. Köln: ISG 1988.

Jorgenson D.W. Productivity and Economic Growth in Japan and the United States. In: American Economic Review. P&P 78(1988). 217-222.

Kern, H./Schumann, M. Das Ende der Arbeitsteilung? Rationalisierung in der industriellen Produktion. München: Beck 1985.

Kleinknecht, A. Innovation Patterns in Crisis and Prosperity. Schumpeter's Long Cycle Reconsidered. London: McMillan 1987.

Kugler P. / Müller U. / Sheldon G. Arbeitsmarktwirkungen moderner Technologien. Eine ökonometrische Untersuchung für die Bundesrepublik Deutschland. Basel: Wissenschaftliches Zentrum der Universität Basel 1987.

Leontief W./Duchin F. The Future Impact of Automation on Workers. New York: Oxford University Press 1986.

Levin R.C. / Klevorick A.K. / Nelson R. /Winter S.G. Survey Research on R&D Appropriability and Technological Opportunity. Part I: Appropriability. Yale 1984.

Mansfield E. R&D and Innovation: Some Empirical Findings. In: Griliches Z. (Ed.) R&D, Patents and Productivity. Chicago: University Press 1983. 127-154.

Metcalfe S. Technical Change. In: The New Palgrave. Volume 4. London: Macmillan 1987. 617-620.

Nell E.J. Growth, Profits, & Property. New York: Cambridge University Press 1980.

Nelson R./Winter S. An Evolutionary Theory of Economic Change. Cambrigde, MA: Harvard University Press 1982.

Oppenländer K.H. Arbeitsmarktwirkungen moderner Technologien. In: Bombach G. / Gahlen B, / Ott A. (Hg.). Arbeitsmärkte und Beschäftigung. Fakten, Analysen, Perspektiven. Schriftenreihe des wirtschaftswissenschaftlichen Seminars Ottobeuren. Bd. 16. Tübingen: 1987.

Posner, M.V. International Trade and Technical Change. In: Oxford Economic Papers. 13 (1961). 323-341.

Prescott E.C. / Boyd J.H. Dynamic Coalitions: Engines of Growth. In: American Economic Review 77 (1987). 63-67.

Romer P.M. Growth Based on Increasing Returns Due to Specialization. In: American Economic Review 77 (1987). 56-62.

Samuelson P. Schumpeter as an Economic Theorist. In: The collected scientific papers of Paul A. Samuelson, Vol. V. Cambridge, Massachusetts and London: MIT Press 1982.

Samuelson P. The collected scientific papers of Paul A. Samuelson, Vol. II. Cambridge, Massachusetts and London: MIT Press 1979 (1965).

Sargent T. Macroeconomic Theory. New York: Academic Press 1979.

Schankerman M. / Nadiri I.M. Investment in R&D, Costs of Adjustment and Expectations. In: Griliches Z. (Ed.) R&D, Patents, and Productivity. Chicago: University of Chicago Press 1984. 315-338.

Schettkat R./Bangel B. Innovation und Anpassungsprozesse am Arbeitsmarkt. In: Schettak R./Wagner M. (Hg.) Technologischer Wandel und Beschäftigung. Berlin/New York: de Gruyter 1989. 279-319

Schettkat R./Wagner M. (Hg.). Technologischer Wandel und Beschäftigung. Fakten, Analysen, Trends. Berlin/New York: de Gruyter 1989.

Schmookler J. Economic Sources of Inventive Activity. In: Rosenberg N. (Ed.) The Economics of Technological Change. Middlesex, Penguin 1971. 117-136.

Scholz L. et.al. Innovation, Wachstum und Beschäftigung. Einzelwirtschaftliche, sektorale und intersektorale Innovationsaktivitäten und ihre Auswirkungen auf die deutsche Wirtschaft in den achtziger Jahren. In: Schettkat R./Wagner M. (Hg.) Technologischer Wandel und Beschäftigung. Berlin/New York: de Gruyter 1989. 147-185.

Schott K. The Relations between Industrial Research and Development and Factor Demands. In: The Economic Journal. 88(1978). 85-106.

Schumpeter J. Business Cycles. New York and London: McGraw-Hill 1939.

Schumpeter J. Theorie der wirtschaftlichen Entwicklung. Berlin: Duncker & Humbolt 1964 (1924).

Shaikh A. Laws of Production and Laws of Algebra: The Humbug Production Function. In: The Review of Economics and Statistics. LVI (1974). 115-120.

Shaikh A. Laws of production and laws of algebra: Humbug II. In: Nell E.J. Growth, Profits, & Property. New York: Cambridge University Press 1980. 80-95.

Warnken J./Ronning G. Technischer Wandel und Beschäftigungsstrukturen. In: Schettkat R./Wagner M. (Hg.) Technologischer Wandel und Beschäftigung. Berlin/New York: de Gruyter 1989. 235-279.

WZB - Wissenschaftszentrum Berlin für Sozialforschung (Arbeitsmarkt und Beschäftigung) Innovation und Arbeitsmarktdynamik. Berlin: WZB 1988.

Die Autoren

Werner Frühstück, 1957, Mag., Diplomvolkswirt, Leiter des Büros für empirische Sozial- und Wirtschaftsforschung. Nach dem Volkswirtschaftsstudium an der Universität Wien mehrjährige Tätigkeit als Forschungsassistent und Projektleiter am IWS, Institut für Wirtschafts- und Sozialforschung. Ausgewählte neuere Veröffentlichungen: Beschäftigung durch Umweltschutz, Linz: Trauner 1988 (gemeinsam mit B.Horak und M.Wagner). Cats in Wien. Die ökonomische Verflechtung urbaner Unterhaltungskunst. Regensburg: Transfer 1988 (gemeinsam mit M.Wagner). Beschäftigungsdynamik der österreichischen Bauwirtschaft. Wien: IWS 1989 (gemeinsam mit F.Lechner, H.Lutz und M.Wagner).

Gerhard Hanappi, 1951, Dr.rer.soc.oec., Universitätsassistent am Institut für Volkswirtschaftslehre und Wirtschaftspolitik der Technischen Universität Wien. Nach dem Studium der Wirtschaftsinformatik an der TU-Wien, Tätigkeit als Ökonometriker im OPEC-Sekretariat. Seit 1982 Assistent am Institut für Volkswirtschaftslehre und Wirtschaftspolitik an der Technischen Universität Wien. Seit 1986 Geschäftsführer der Oecon-Consulting-Gruppe. Arbeitsschwerpunkte: Makroökonomie, Simulationsmodelle, Innovationsforschung. Ausgewählte neuere Veröffentlichungen: The Stages of Industrial Capitalism. In: Vercelli, A. et.al. Technological and Social Factors in Long Term Fluctuations. Berlin/Heidelberg/New York: Springer 1989. Perspectives of Gaming. In: Wörgötter, A. (Ed.) Lecture Notes in Economics and Mathematical Systems. Berlin/Heidelberg/New York: Springer (forthcoming). Entwicklung des Kapitalismus. Frankfurt/Main: Lang 1989.

Michael Wagner, 1948, Dr.rer.soc.oec., Univ.Dozent, Direktor des IWS, Institut für Wirtschafts- und Sozialforschung. Nach dem Volkswirtschaftsstudium an der Universität Wien Tätigkeit als Assistent und geschäftsführender Abteilungsleiter am Institut für Höhere Studien. Gastprofessuren und Forschungsaufenthalte an der GH Kassel, London School of Economics, Harvard University und dem Wissenschaftszentrum Berlin. Ausgewählte neuere Veröffentlichungen: Beschäftigungsrisiko Innovation? Arbeitsmarktwirkungen moderner Technologien. Befunde aus der Meta-Studie. Berlin: Edition Sigma 1988 (gemeinsam mit E.Matzner und R. Schettkat). Der betriebliche Innovationsfonds. Wien: IWS 1989 (gemeinsam mit H.Tieber). The Impact of New Technology on the Labor Market and the Employment System. The Case of Germany. Aldershot: Avebury 1990 (gemeinsam mit E.Matzner). Arbeitslosenkarrieren. In: Journal für Sozialforschung (im Erscheinen). Hysteresis, Nairu and Long-Term Unemployment in Austria. In Empirica (im Erscheinen) (gemeinsam mit P.Neudorfer und K.Pichelmann).

Bei Fragen zur Produktsicherheit wenden Sie sich bitte an:
If you have any questions regarding product safety,
please contact:

Walter de Gruyter GmbH
Genthiner Straße 13
10785 Berlin
productsafety@degruyterbrill.com